寿司全书

品鉴与制作

〔日〕 巴伯贵美子
竹村大树　著

于　月　译

河南科学技术出版社
·郑州·

目录

寿司制作

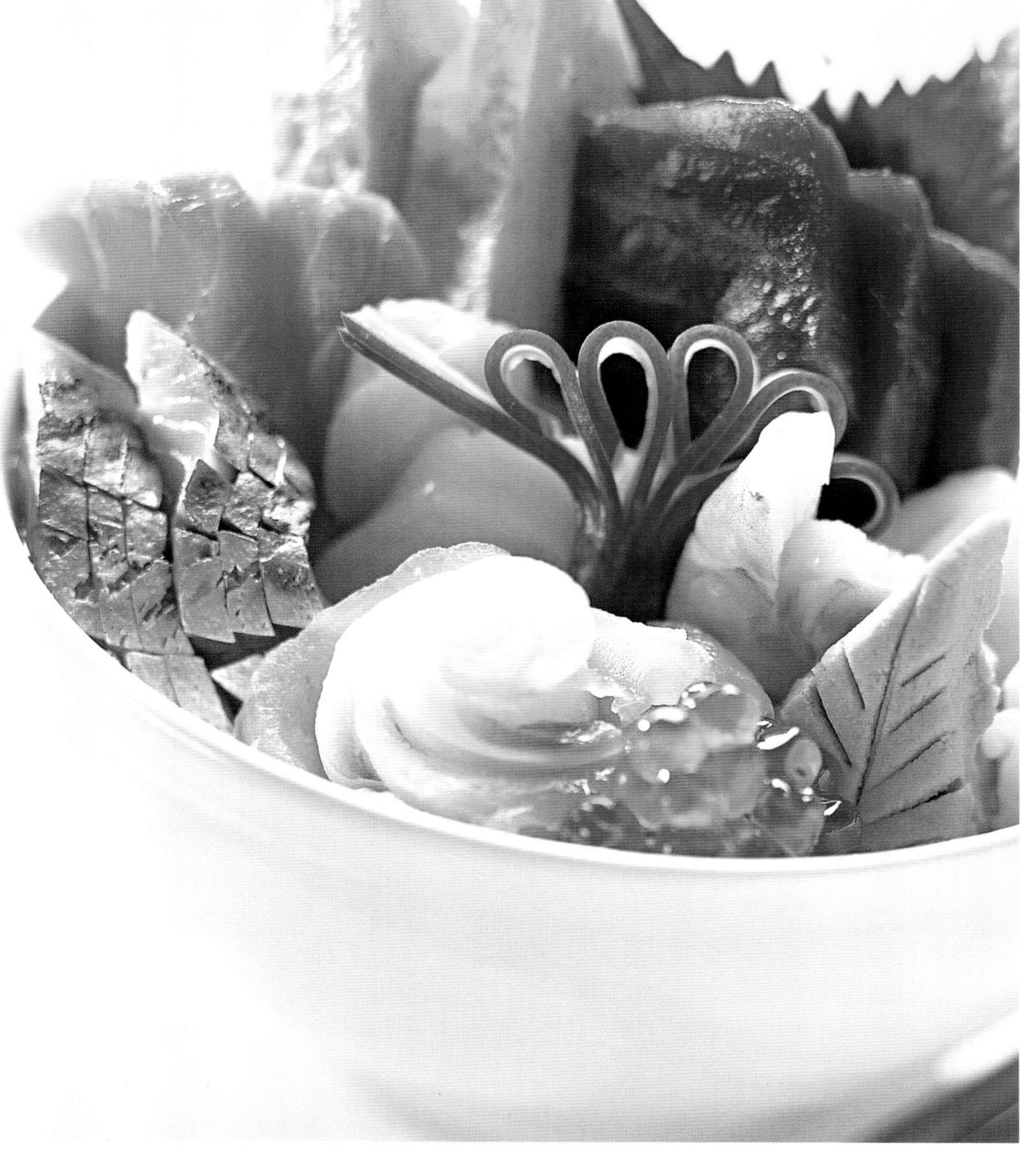

什么是寿司

寿司的历史

寿司可以被简单定义为"将或生或熟或腌渍的鱼肉、贝类、蔬菜以及鸡蛋等，跟寿司饭一起卷起来或者放在寿司饭上面而做成的食物"。寿司既是小吃、前餐，也可作为主餐；形式更是多种多样，既有在一碗寿司饭上盛放鱼肉和蔬菜的散寿司，也有手卷、压制或者手握而成的寿司。在日本，寿司极受欢迎；人们不仅仅在寿司店享用寿司，也在家制作供家人食用。寿司是日本最著名的食物。事实上，日本大使曾经开玩笑说，在提高日本的国际形象方面，寿司比国家的官方努力表现得更好。

▲ 种植水稻

稻米一直是日本的主要食物。自从公元前500年水稻引入日本以来，已经种植了几千年。

寿司的起源

没有人知道寿司被发明的准确时间，但是它被认为是在东南亚水稻生长地区保存食物的一种方式。肉（鱼肉）或者蔬菜经过腌制，装入盛有米饭的木制压箱中，经过自然发酵，米饭中的碳水化合物将会转化成乳酸，并跟盐一起腌制食物。一些学者认为，早在公元前500年，日本从中国引入水稻栽培的时候，寿司就一起来到了日本。而另有其他学者认为，公元7世纪时，佛教徒在中国完成修行之后，返回日本时将寿司的做法带了回去。

保存在发酵米饭里的鱼，关于这种寿司早期形式的记载是在古代日本的首都——内陆城市平城京（Heijō-kyō，现奈良市）发现的。当时，寿司作为沿海地区的一种纳税形式而存在。如今，发酵寿司中最典型的是"驯鲊"（nare zushi，也叫熟寿司），

▲ 知识的传播

佛教徒在公元7世纪从中国返回的时候，很可能把寿司带回了日本。

仍然遍布于日本各地。最著名的鲋寿司（funa zushi）由京都附近琵琶湖里的鲫鱼制成，鱼肉和米饭被压制成层并发酵至少一年（有时两年或者更长时间）。当它可供食用的时候，几乎已经看不到米饭，只剩下味道极其刺鼻的鱼肉了。这种味道，除了卡蒙伯尔熟奶酪和泰国鱼酱混合在一起的味道可相媲美，简直再找不到更好的形容了。

从保存的鱼肉衍化成寿司

一直到15世纪中叶，驯鲊都保持了最初的形式。就在这时，寿司在发展过程中发生了一次革命，即发酵的时间减少到不足6个月。

发酵期变短后仍然很好地保存了鱼肉，但是发酵后的米饭也保留了下来，而不是像之前那样被完全分解掉。这种新式寿司被称作生驯寿司，意思是新鲜发酵的寿司，或者是半发酵寿司。此时，寿司被普通民众广泛制作，米饭不再被浪费，而是成了食物。现在，把带有酸味的米饭和鱼放在一起食用，这种做法仍然适用于我们今天所熟悉和食用的寿司。

寿司的衍化过程

17世纪初，日本的政治权力发生了重大变化，这对日本的饮食文化产生了深远的影响。1603年，德川家康出任征夷大将军，在江户（今东京）建立了德川幕府。伴随着强大的政治和社会结构的形成，经济得到了增长。此外，水稻业蓬勃发展，水稻产量大约翻了一番。水稻产量的增加直接导致了稻米产品的大量涌现，例如清酒和米醋。特别是米醋的出现，促使了蛋包寿司（haya sushi），也叫快寿司（fast sushi）的诞生。米醋的使用，取代了米饭的自然发酵和产生乳酸，寿司准备的时间从几个月减少到几小时。

使用米醋给米饭调味不仅仅加速了寿司的制作，而且还促进了新式寿司的诞生。将米饭和鱼肉压入盒子里发酵不再是基本步骤（尽管箱寿司一直受到欢迎）。在接下来的几个世纪中，出现了许多其他类型的寿司，例如散寿司（chirashi zushi）、卷寿司（maki zushi）和稻荷寿司（inari zushi，这种寿司是将馅料填入经过调味和油炸的豆腐泡里面制作而成的）。到了18世纪末，这些新式寿司已经遍布于日本大街小巷。

握寿司——第一快餐

在19世纪初，华屋与兵卫（Hanaya Yohei）在江户开设了一家寿司店，他被公认为握寿司（nigiri zushi）的发明者。握寿司即是我们现在所说的用手捏制成型的寿司。他是第一位将寿司饭（又称醋饭，即醋拌米饭，行业内常称为"舍利"）挤压成球形，在上面放一片鱼肉而做成寿司的厨师。虽然使用米醋减少了准备的时间，但寿司师傅们制作传统的箱寿司仍然需要花

费较多时间。江户的居民是出了名儿的缺乏耐心，而华屋与兵卫新发明的握寿司只要几分钟就好，这一点对江户人来说可谓正中下怀。这种新式寿司被称为"江户前握寿司（Edomae nigiri）"或"东京风格的握寿司"。其采用了东京湾的本地鱼和贝类作为浇头（醋饭顶部的配料，在行业内，常称为"种"，即除腌菜、黄瓜之外的全部寿司食材），尺寸上比现在的握寿司大很多，浇头也多是经过烹制、腌渍的，并非我们现在所熟悉的生食。

就像当时仅在江户（今东京）受到欢迎一样，直到20世纪40年代，握寿司也只在东京地区制作。在第二次世界大战结束时，食物配给限制了寿司店的正常运转。当时盟军占领区的统治者发布指令，允许1杯米换取10个握寿司和1个寿司卷，但不包含其他任何寿司。为了保持寿司店持续开张，日本其他地区的寿司师傅才开始接受江户前握寿司。

寿司摊档的消失

就在这个时期，寿司摊档开始完全消失。几个世纪以来，寿司摊档一直是东京街头司空见惯的特色事物。每当到了晚上，摊档被拉到规定的地方营业，正好将寿司卖给那些从公共澡堂出来、走在回家路上的饥肠辘辘的人。顾客们食用着公共碗里的

◀ **都市快餐**
江户（今东京）的生活节奏快，因而诞生了第一快餐——握寿司。

▲ 传统寿司

箱寿司是最古老的寿司，但是二战后就几乎无影无踪了。

腌姜片、酱油，然后用身后的布帘擦手。一个好的寿司摊档的标识就是脏脏的布帘，因为那表示有很多食客曾经光顾这里。然而随着公共澡堂的消失和食品卫生条例的严格要求，这些摊档让位给了白天开放的寿司店。到了20世纪50年代后期，回转寿司的发明让寿司比之前更加实惠和方便食用。

寿司之今时今日

寿司从最初作为保存鱼肉的方法，历经了长远的征途，还在继续进步和发展。寿司师傅，不管是日本的还是其他国家的，特别是

▲ 现代寿司

寿司卷是最新品种的寿司，它是随着寿司得到全世界的欢迎应运而生的。

美国的寿司师傅，一直将西方的技术和材料融入寿司品种的创新中，例如创造出了墨西哥寿司卷和三明治寿司。值得一提的是，寿司率先带领日本食品在世界范围内得到普及和认可。2013年，日本料理"和食"（washoku）被联合国教科文组织列入世界非物质文化遗产名录。

人们对寿司有了新的认知之后，随着日本食材愈加丰富，在家制作寿司也迎来了最好的时代。尽管买现成的寿司很容易，但跟家人朋友一起享受新鲜的家常寿司的感觉更好。

食用寿司的礼仪

关于该做和不该做的小建议

寿司看上去正式、规矩的外观可能令不少人心生怯意。幸好，实际上食用寿司时并没有严格的规定，不过令人自在的行为礼仪不仅能帮助你更放松，也能让你更好地享受美食。日本寿司店是舒适而轻松的地方，在家里享用寿司也可以拥有一样的美好感受。

解构美食

在寿司店，没有菜单意味着没有明晰的食物清单。就像在家里制作寿司一样，没有什么选择的规则，也没有要吃什么寿司的列表。

味道浓郁的浇头

选择任何你感兴趣的食材，并参考传统的饮食方式，但也不用完全照搬。

● 日本人经常在一餐的开始和结束时喝汤。就传统来说，sui mono相当于清汤，一般在餐前饮用。Miso shiru即味噌汤，意味着一餐的结束。（p.52~p.55）

● 吃几片生鱼片作为寿司餐的开始是不会出错的。

● 先吃玉子烧（日式煎蛋卷），因为它清淡的味道能让你更好地品尝米饭。但也有些寿司专家会把玉子烧当作餐后甜点，用来结束这一餐。

● 一个合乎逻辑（但并非必须遵守）的顺序是从味道清淡的白肉鱼开始，然后再吃味道丰厚的红肉鱼和味道更加浓郁的风味浇头。但是，如果你最喜欢的浇头是脂肪丰美的金枪鱼腹，那么直接吃就好了。

● 有人说你应该最后吃卷寿司。这可能是因为它们含有更多的米饭，因此比握寿司更容易令人饱足，但是我觉得你并不一定要等到最后。

使用筷子的礼仪

餐桌每个座位处都会摆放筷子、筷架和一个小的味碟。如果你使用的是有纸套的一次性筷子，请在落座后把筷子从纸套中取出，分开，放到你面前的筷架上。

● 使用单独的小味碟来为你要食用的寿司浸蘸酱料。

● 在日本，不要把食物从你的筷子上传递到另一个人的筷子上，因为这被认为不太吉利。（在日本传统的葬礼仪式上，死者的亲戚们即是用筷子传递骨灰块到骨灰盒里的。）

● 如果你想从公共盘里夹取食物或者给别人夹菜，用筷子的另一端或公筷比较礼貌。

使用单独的味碟

用手指拿取寿司

用筷子还是手指？

如果你觉得使用筷子不舒服，完全可以直接使用手指拿取（p.12：握寿司如何蘸取酱油）。握寿司最初被发明的时候，就是作为小吃出现在街边摊上供大家食用的。在寿司店，服务生会在饭前给你一条湿毛巾用来擦手，在家你也可以这样做。

正确使用酱油

酱油作为最美味的调味料之一，几乎从不缺席于日本的各式料理。我喜欢并一直使用酱油，但对于寿司，我们应该谨慎：它是用来浸蘸的，而不是淹没。将握寿司浸到酱油中而不让醋饭散开，也不留下饭粒漂浮其中，这可是一种艺术（见下文）。无论你使用筷子还是手指，都应该把寿司一口吃掉，而不是吃一半，留一半在盘子里，这样会被认为不礼貌。

将一块卷寿司蘸取酱油时，只将一个小角浸在酱油中，不要全部浸进去，因为那样不仅会导致寿司分崩离析，而且醋饭会迅速吸收大量的酱油，彻底毁掉寿司本身的风味。同样的蘸酱油技巧也适用于军舰寿司。

握寿司如何蘸取酱油

1 倒一点酱油到味碟里。在盘子上将寿司倾斜到一侧再拿起来，用拇指和中指捏住。

2 稍微转一下你的手，只让生鱼片蘸到酱油。再把这块寿司上下颠倒放进嘴里，这样你就会先尝到鱼肉和酱油的味道。

吃山葵泥的智慧

我看到人们把一整块儿山葵泥放在酱油碟里混合，然后把寿司或生鱼片浸泡在里面。到目前为止，我一直建议人们根据自己的喜好吃东西，不要受习俗的影响，这是我的底线。山葵泥是寿司和生鱼片的必备佐料，但食用它的目的是增强食物的味道，而不应被视为勇敢的证明。

如果你喜欢山葵的味道，那就在单个寿司或生鱼片上放一点山葵泥，然后再蘸取少量酱油。这样，你就可以品尝到鱼肉的独特风味，同时享受山葵和酱油的精华。在寿司

一小团山葵泥

店，让厨师在你的寿司上多加点山葵泥，他会很乐意帮忙的。

清洁味蕾的腌姜

腌姜

吃寿司时总会伴食一小堆薄薄的粉色腌姜。它其实用于清洁味蕾，在吃不同口味的寿司之间吃一片。 虽然腌姜的清爽口感常常令某些人上瘾，但它只是寿司或者生鱼片的伴侣，而不是必备配菜。

腌姜放在公用
盘子里，供大家
自助取食

吃寿司时喝的饮品

绿茶、啤酒、清酒和葡萄酒

日本人吃饭时想喝什么就喝什么,好的寿司店和酒吧为食客提供各种饮品。最传统的可能是热绿茶或日本清酒,但日本啤酒也是不错的选择。寿司已经成为一种国际化食物,红葡萄酒和白葡萄酒也很受欢迎。

绿茶

一杯热热的绿茶,不仅口感清爽,而且在吃寿司的过程中,能够清洁口腔。它是一种温和的助消化剂,含有维生素A、B族维生素和维生素C。

啤酒

啤酒有一种爽口新鲜的味道,搭配寿司和生鱼片相得益彰。日本啤酒(biru)跟美国和欧洲的底层发酵啤酒(lager)味道相近,冰镇饮用。日本啤酒有很多品种可供选择,但非日本啤酒也同样非常适合你的餐食。

清酒

清酒是一种由发酵大米制造而成的酒精饮料,它味道柔滑、清淡,跟日本食物构成完美的搭配。清酒中含有酒精15%~20%,味道相当强劲有力。清酒种类繁多,但是总的来说,都是按照制作方式来命名的。制作清酒的原材料是经过抛光或者碾磨的大米,精度越高,淀粉含量越高,成品

冰凉爽口的日本啤酒

的味道越精致。有时候添加少量的蒸馏酒来制作清酒，这与由发酵大米制成的清酒不同，后者被称作junmai（字面意思是"纯米"）。

- junmaishu（纯米酒）完全由大米制成，至少要研磨掉30%的大米外层透明部分，也即精米度达70%，不添加蒸馏酒。它通常比其他类型的清酒口味稍重一些，味道更丰富，且酸度更高。它与一般的食物搭配得都很好。
- honjōzōshu（本酿造酒）由至少研磨掉30%的大米制成，增添一点蒸馏酒。这种清酒比纯米酒味道淡，可常温或加热饮用。
- ginjōshu（吟酿酒）由研磨掉40%的大米制成，添加少许蒸馏酒。这种清酒味道丰富而有层次，口味略淡，芳香。
- junmaiginjōshu（纯米吟酿酒）是不添加蒸馏酒的ginjōshu。
- daiginjōshu（大吟酿酒）是最贵的清酒。它是由至少研磨掉50%的大米制成的，添加少量蒸馏酒。味道极为芳香，比ginjōshu口味更淡。
- junmaidaiginjōshu（纯米大吟酿酒）是不添加蒸馏酒的daiginjōshu。

均衡配比的半干葡萄酒搭配寿司恰到好处

葡萄酒

通常我建议大家选择任何喜欢喝的酒，但要记住，你选择的葡萄酒不应该味道太淡，以免与鱼的味道发生冲突；也不应该过甜，因为会掩盖鱼肉微妙的味道。香槟酒中，雷司令与寿司是很好的搭配。浓郁的红葡萄酒也可以搭配经典的金枪鱼腹或者多脂的金枪鱼，以及其他富含脂肪的鱼肉，因为红酒中的单宁能让鱼肉吃起来更肥美。

半干白葡萄酒

寿司制作基础

工具

如果你已经有了一个设备齐全的厨房，就不必为了制作寿司再添加一系列新的专业设备了。这本书的目的是让你开始在家做寿司，所以我只列出了一些必要的工具，还有一些也许你以后想要添加的其他专业工具。

在多数情况下，你可以即兴制作一些特殊的工具用来制作寿司，因此，只要有可能，我都建议将厨房现有的工具作为替代品。然而，对于热衷于烹饪的人来说，增加厨房设备总是一种乐趣，何况多数传统工具都不贵，而且有专门为寿司而设计的优势。幸而寿司越来越受到欢迎，你所需要准备的大部分工具都可以在百货商店或者超市，甚至是网上买到。

基本工具

这些工具将使制作寿司的准备工作变得更加容易，并可以轻易在大型超市的厨房用品区获得。一套好的刀具对于任何厨房都是很好的投资，但是如果买不到日本刀，你可以用最锋利、质量最好的刀来准备原料。制作寿司唯一专业且不可替代的用品就是竹质卷帘。

竹质卷帘（简称竹帘）

一个专业的卷帘是制作寿司必不可少的工具。它由竹棍和棉线编织而成，形状呈方形，通常尺寸为24厘米x24厘米左右。虽然找不到合适的替代品，但竹质卷帘很容易买到，甚至超市就有售，而且很便宜。

使用后，必须用冷水来清洁竹帘（必要时使用刷子），不要使用任何清洁剂。在收纳之前一定要完全晾干。任何水分和微量的淀粉残留都会导致它发霉。当制作里卷时，可以在竹帘上盖一层保鲜膜，以避免米粒夹在竹棍之间。在日本人家的厨房里，竹帘也被用来沥干蔬菜上的水和给煎蛋塑形。

刀具

刀对于寿司师傅来说就像剑对于武士一样珍贵。日本古代的造剑工艺一直流传至今，只用于锻造优质碳钢菜刀。这些刀需要小心使用，才能保持其吹毛断发般的锋利。磨刀时要用磨刀石手磨，绝不能使用不锈钢磨刀机或者砂轮。

使用钝刀更容易割伤自己，所以要照顾好你的刀，它才能更好地为你服务。也不要将其跟其他工具一起放在厨房抽屉里，以免伤到刀刃。如果你有刀架，请将刀背先放进卡槽里，而不是刀刃。

如果你自己不懂怎样磨刀，就请专业人员来磨；一个好的厨房用品商店会提供这项服务。

日本刀的刀刃只在一侧打磨，通常刀刃在右侧，所以如果你是左撇子，需要一把特别改装的左手刀。通常寿司师傅拥有三种类型的刀（如右图所示），依次是：

鱼刀

切肉刀

蔬菜刀

切肉刀
这种刀很重，弯曲的刀刃最适合将鱼骨剔除。

蔬菜刀
在寿司师傅手中，这种刀去皮、切、剁的速度比食品处理机更快、更精细。它的刃口比其他刀直、薄，适合精细的工作。

鱼刀
这种刀细长的刀刃适合将鱼肉切片、切寿司卷以及雕刻精致的装饰品。

其他工具

用于制作寿司

还有三个更专业的工具，你可能希望添加到你的寿司装备库里面。当然，它们不是必需品。每一种都可以用你现有的设备临时替代，只是拥有了它们，尤其是木桶，能让工作更容易。

木桶

这种宽口、平底、低沿的木桶由柏木制成，外围用铜丝捆绑固定，是专门用来准备寿司饭的。它的形状加速了米饭的冷却，跟寿司醋混合时也更加容易翻动。木材吸收多余的水分，有助于米饭保持特有的光泽。木桶使用前要在冷水中浸泡，以防米饭粘在上面。使用后，用冷水清洗，不要使用任何清洁剂。收纳之前完全晾干，放在阴凉避光的地方。低沿、非金属的小桶或者沙拉碗就是很好的替代品。

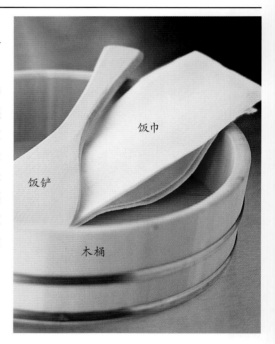

饭巾

饭铲

木桶

饭铲

扁平的圆形饭铲，用竹子或木头做成，习惯上用来盛饭，或者搅拌寿司醋。使用前用冷水浸泡，以防止米饭粘在上面。也可以使用锅铲替代。

饭巾

简单但是非常有用。用潮湿的棉布或者亚麻布来擦干净鱼、工具和厨师的手。你也可以用饭巾制作球形寿司（p.238、p.239），而不仅仅是保鲜膜。

日式方形煎蛋锅

有两种类型的日式煎蛋锅可供选择：方形铜质平底锅（通常18厘米×18厘米大小）和矩形不粘锅（通常12厘米×18厘米大小）。铜锅价格贵，专业人士使用；不粘锅成本低，足够家庭使用了。虽然制作蛋卷时可以使用尺寸差不多的圆形平底锅，蛋卷煎好后再修边，但总不如方形的平底锅简单快捷。

压箱

传统上用柏木制作，通常跟制作寿司柜台的木料相同，压箱有活动的底部和盖子。它们有各种大小和形状，但通常是正方形或长方形的。为了防止大米粘在上面，需要在使用前用冷水浸泡，用湿布擦去多余的水。这与护理木桶的方法相同。替代压箱的物品可以是一个小的烹饪环（cooking ring），一个内衬保鲜膜的塑料盒子，或者脱底蛋糕模。你可以制作出蛋糕形的寿司，再切成小块。

原料

随着寿司的知名度越来越高，在大型超市中买到日本短粒米、米醋和酱油也就愈加容易了。

有些原料，例如干葫芦条（kampyō）和干香菇，在使用前需要用调味汁调味。这需要预留时间来处理，但是你也可以提前准备好，放在密闭容器里放入冰箱保鲜，但最多不能超过3天。多数储藏柜食品在良好的条件下可以有较长的保质期，但无论何时，制作寿司都需要购买新鲜的鱼和蔬菜。

基本食材

家庭制作寿司的多数材料如日本大米、酱油和山葵等，现在大型超市都可以买到。而一些特别的寿司材料在专门的食品店或网店可以找到，而且都有很长的保质期。我尽可能提供可替代的选择。

日本短粒米

日本大米

日本短粒米是制作寿司必不可少的材料。它的淀粉含量高，吸收了大量水分，煮熟后的米饭具有独特的黏性。日本大米在深秋收获，新米的标签上标明shinnmai，以味道清香而著称。然而，对于寿司来说，这种湿润、柔软的新米是不受欢迎的，顶级寿司店总是千方百计去获取上一年的更为干燥、坚硬的大米。长粒大米，如印度大米和泰国香米，不适合做寿司，因为不具有良好的吸水性，也没有黏性。真正的日本大米在日本商店和网店都很容易买到，不过美国也盛产优质的日本大米。

干海苔

海苔是由不同类型的紫菜，经过清洗、延展拉薄并在网格上干燥后制成的。购买时选择深色、纹理细密的海苔；越薄越绿，品质越好。收纳时需要放入密封容器，避光保存。

海苔片

通常标准尺寸是20.5厘米 × 19厘米，每包10片。正面光滑有光泽，反面粗糙有颗粒。海苔有柔和、芳香的味道，像纸一样轻，这令它可以被用来包裹各种类型的寿司食材。如果海苔片变得塌软无味，只需要把它放在距离柔和的天然气明火15厘米的地方烤几分钟，海苔片即可恢复原有的香脆。

包装好的海苔片

摆好的海苔丝

海苔丝

海苔丝可用来做散寿司上美味诱人的装饰。你可以买现成的袋装海苔丝，但是如果找不到现成的，可以将几张海苔片重叠在一起，用锋利的刀或者剪刀将它们裁成细丝。不要使用锯齿刀切海苔片，它会把脆弱的海苔片撕裂。

山葵

这种绿色的调味品在日语中也被称为泪（namida），因为它味道非常强烈刺鼻，会让人忍不住流下眼泪。山葵不应该被用来证明一个人的勇敢，而是用一点点的量，来增强寿司的味道。山葵常以山葵粉或者将山葵粉调和成膏状装入管中出售。

山葵粉

在超市和日本商店均有售，山葵粉保质期长，风味保存得好。把1茶匙山葵粉和1茶匙水混合就成为稠稠的山葵泥。使用前放置5~10分钟，慢慢产生香味。膏体可以雕刻成精致的形状作为装饰品（p.51）。

▲ 调制山葵泥

混合山葵粉和少量水，充分搅拌，直至成为膏状。稠稠的山葵泥还可以做出漂亮的造型。

调好的管装山葵泥

买现成的管装山葵泥虽然使用方便，一旦打开，山葵泥很快就失去了它的辣味和香味。这种山葵泥质地较软，非常容易从管里挤出来。

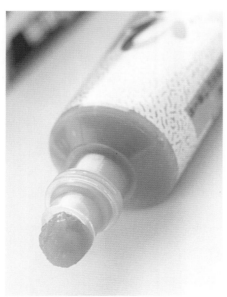

山葵是用来提升味道而不是遮盖味道的

调好的山葵泥

酱油

酱油可以说是日式烹饪中最重要的调味品，它由发酵大豆、小麦和盐制成，有不同的种类可供选择。浓口酱油是最通用的，用于烹饪和寿司蘸汁，而淡口酱油仅用于烹饪。溜酱油（tamari）也是由发酵的大豆制成的，但不含小麦成分，更醇厚，香味更浓。严格地说，溜酱油是用作蘸料的。对于那些麸质不耐受的人来说，这是一个不错的选择，不过要记得先检查标签。

淡口酱油　　　　浓口酱油　　　　溜酱油

腌姜

粉红色的姜片通常放在寿司托盘的一角，每次应该只吃一片。吃不同食物之间，用它来清洁味蕾，并帮助消化。虽然你可以自己制作腌姜，但提前准备好的腌姜品质更好。包装一旦打开，应该放入冰箱冷藏保存。

腌姜片

醋或者米醋

米醋

日本米醋呈浅金黄色，有轻微的酸味，品尝后嘴里留下淡淡的余味。米醋是寿司的重要组成部分，尤其需要用它来给米饭调味。米醋也是一种防腐剂，具有抗菌作用。在日本食品店和超市都可以买到。用少量水稀释后的苹果醋和红酒醋是合格的替代品。

日本清酒

清酒是日本的国民酒，也是寿司最好的伴侣，可热饮也可冷饮。它是烹饪的重要原料，能够让肉类包括鱼肉变嫩，也能增强风味。干雪利酒是很好的替代品。如果只为了烹饪，可以购买标有"ryori sake"的清酒或者廉价的饮用清酒。

烹饪用的清酒

甜米酒

甜米酒又称甜酒或味醂，只用于烹饪。它能够给食物增加光泽感，并散发出饱满醇厚的味道。如果没有，可用1茶匙糖替代1汤匙甜米酒。甜米酒开封后要存放在阴凉、避光的地方。

甜米酒

干葫芦条

干葫芦条在出售的时候是长长的细条形干菜。传统上，它被用作卷寿司的馅，或者切碎作为散寿司的浇头，也可以当作一条细带捆扎有馅料的寿司。它口感柔韧，或者说有嚼劲，纹理分明，能够很好地附着调料的味道。人们可以在日本食品店买到。在使用前，需要将它放入味道清淡的调味肉汤中复原（见下文）。处理好之后，将葫芦条保存在密闭容器中放入冰箱，保质期可达3天。

干葫芦条

怎样处理

1 用冷水清洗30克干葫芦条，清洗时用手揉搓。加入2汤匙盐并在冷水中继续揉搓至柔软。然后用水冲洗，浸泡2小时或整夜（根据包装说明）。

2 沥干水，把葫芦条放入平底锅中，用足量的清水覆盖，煮10~15分钟。加入500毫升高汤（p.47）、2汤匙糖、2汤匙酱油，煮沸，然后小火煮10分钟，或煮到葫芦条呈金黄色。葫芦条置于高汤中冷却，再切成需要的长度。

干香菇

这种味道浓郁的香菇可用作太卷寿司的馅，或者散寿司、箱寿司和握寿司的各种浇头。干香菇在阴凉干燥的地方能保存6个月。食用前，需要将干香菇浸泡至恢复柔软并调味（见下文）。浸泡后，品质优良的香菇肉质肥厚饱满、有肉味，比新鲜的香菇香味更为浓郁。

干香菇

如何给干香菇调味

把30克干香菇浸泡在250毫升热水中，浸泡约20分钟。沥干水，保留浸泡液，切断并丢掉香菇柄部。把香菇放入250毫升高汤（p.47）中，跟之前保留的浸泡液一起倒入锅中，小火加热约30分钟，直到液体减少一半。加入1汤匙味醂，熄火等待冷却，然后即可使用。

焙芝麻

无论是黑芝麻还是白芝麻，都可以在食品店焙好带走，但是坚果味会慢慢消失。为了恢复它们的味道，需要在平底锅里用文火加热1~2分钟，不断翻炒以防止焙煳，否则味道会变苦。

焙好的黑芝麻和白芝麻

海带

海带，在讲英语的国家，通常被称为 "kombu"
（昆布）。海带是日本料理中最重要的组成
部分之一，尤其是制作日式高汤和众多菜肴
以及加工食品时都要使用。在日本北部、寒
冷的北海道海域有10种海带。夏天收获后，
放在海滩上在阳光下晒干，切开，折叠成可
包装的长度。海带含丰富的天然味精，也就
是第五味，即鲜味的最重要元素。海带不需
要清洗，在使用前用湿布擦干净即可。如果
你把它放在干燥、避光的柜子里，它的保质
期几乎是无限长。

一张张海带

柴鱼片

这些刨花似的薄片是日式高汤的两个必不
可少的原料之一（另一种原料是海带）。它
们是用鲣鱼（p.66、p.67）经过干燥、烟
熏、制熟而成的，经处理成为开封即用的
刨花形。柴鱼片有浓郁的烟熏味道和香
气，可作为装饰或者浇头以及制作日式高
汤。

干燥的柴鱼片

基本烹饪方法

良好有序的组织工作是成功且轻松自如地制作寿司的关键。构成寿司的各部分的基础制作方法是非常简单明了、容易操作的，就算有些材料你不了解也没有关系。如果你能提前将寿司饭、浇头和装饰准备就绪，那就只剩下简单的组合了。

最基本的就是寿司饭。在成为正式的寿司师傅之前，年轻的学徒要恭敬地观望师傅制作寿司饭好几年。但不要担心，你只要按照步骤操作，再稍加练习，就能制作出足够美味的寿司了。记住，你需要提前做好寿司饭，在使用之前用干净潮湿的饭巾盖好。

跟制作寿司饭一样，你还要按照步骤做好其他部分：玉子烧、高汤和装饰。美味的汤既是寿司餐的开始，也是结束。

准备寿司饭

上等的寿司,无论何种风格,一向都从好的寿司饭开始。用来做寿司的米饭比一般的米饭口感上略硬,因为添加的水偏少,这样是为了给寿司醋留一点空间。而尤为重要的是清洗大米的过程,还要让洗过的米放置30分钟以上才能去煮,因为需要让米吸收一些水分。

寿司醋

寿司醋由米醋、糖和盐混合而成,它是制作寿司不可缺少的部分,能够给普通的米饭带来淡淡的酸甜味道和光泽。制作寿司醋并没有绝对的标准配方:只要达到糖和盐的平衡,能够搭配不同类型的馅料或浇头就好了。搭配味道厚重或者脂肪较多的鱼类,例如鲭鱼、金枪鱼、鲑鱼,就需要偏咸一点的寿司醋;而对于味道温和的食材,例如蔬菜和鳕鱼,最好搭配偏甜一点的寿司醋。

寿司醋的配方不计其数,但每个寿司师傅都会小心翼翼地守护着自己的独家秘方。不过总的来说有一个常用搭配比例:10份醋,5份糖,1份盐。如果你想要偏甜的寿司醋,可以减少盐的比例。

如何配制和使用寿司醋

把米醋、糖和盐放在不锈钢平底锅里略微加热,直到盐和糖溶解。不要煮开,否则味道会散发掉。在使用之前,将寿司醋冷却到室温。你也可以预先制作好寿司醋,然后放在冰箱里的玻璃容器里,保质期3个月。在米饭中加入寿司醋时,比例大约是1/2汤匙醋混合100克米饭。

▲ 米醋
一旦你把糖和盐混合进来,日本米醋就成了寿司醋。正因为有了它,寿司饭才有了独特的味道。

怎样煮米饭

1份寿司饭 600~660克 | 准备时间 1小时30分钟

材料

300克日本短粒米

明信片大小的海带1片（可选）

330毫升用来煮饭的水

寿司醋

4汤匙日本米醋

2汤匙糖

1/2茶匙盐

方法

1 把米放进筛子里，浸入冷水碗中清洗干净。需要彻底清洗大米，把洗米后已经混浊的水倒掉，继续换水清洗，直到水清澈为止。沥干水，让米在筛子里停留30分钟。与此同时，配制寿司醋（p.38）。

海带释放出的海鲜味是我们熟知的味道

2 如果使用海带，在海带上剪出几个小口，使它在烹制时更容易释放味道。

3 把清洗过的米和330毫升水放在厚底、锅盖严实的平底锅里，在上面放上海带（如果使用的话），过15分钟以后用中火加热。水沸腾时，开大火再煮5分钟。这期间一定不要打开盖子，但要注意听水沸腾的声音，注意观察，应该有蒸汽冒出来。

4 把火调小，再煮10分钟，然后关火。不要打开锅盖，让米饭继续保持在蒸汽中10~15分钟。在这期间，需要把木桶浸泡在冷水中。如果你使用其他工具，例如宽口扁平的餐具或者沙拉碗，要用湿布湿润一下。这时打开锅盖，取出海带。

5 擦去木桶中多余的水（如果使用其他餐具，就不需要这样做），把米饭盛入木桶里。把寿司醋淋到饭铲上再拌入米饭中。

6 把米饭均匀地摊在木桶里，慢慢加入寿司醋，用切的动作翻动米饭并把米粒分开。

7 轻轻地把米饭扇凉。继续用饭铲把寿司醋拌入米饭中，直到米饭看起来愈发光亮并逐渐冷却到室温。如果你不立即使用寿司饭，就用干净的湿布盖好。不要放进冰箱，否则寿司饭会变得又干又硬。最好一天之内用完。

日式炒蛋

做好日式炒蛋的关键是用筷子搅拌。这个动作让鸡蛋看起来丝丝缕缕，每块之间又能分开。试试看用炒鸡蛋作为散寿司的浇头。烹饪用的筷子是加长的，能保护手不被热气烫伤，当然你也可以使用搅拌器。

制作 4份，用作寿司浇头　　｜　　**准备时间** 10分钟

材料

2个鸡蛋，打散 ｜ 1茶匙糖 ｜ 1/2茶匙盐 ｜ 1茶匙菜油

方法

1 把鸡蛋、糖和盐在碗中搅拌均匀。平底锅里放油，中火加热。鸡蛋放入锅中，用筷子或搅拌器连续搅拌。

2 当鸡蛋开始凝固时，将锅从火上取下，但继续搅拌以令鸡蛋膨松。

日式薄蛋皮

这种薄薄的蛋皮可以折叠后加入寿司饭中，或者切成细丝（称为"黄金丝"），用作散寿司的浇头。蛋皮应该做得尽量薄而且大，一般用直径24厘米的圆形平底锅制作。

制作 1份薄蛋皮 | **准备时间** 5分钟

材料
1茶匙生粉 | 1汤匙水 | 1个鸡蛋 | 1个蛋黄 | 1茶匙盐 | 1茶匙菜油

方法

1 用1汤匙水混合生粉。除了油，把所有其他材料放入碗里搅拌均匀。把锅里的油用中火加热（用一张折叠的厨房纸擦掉多余的油），然后倒入蛋液，使蛋液薄薄地铺在平底锅的底部。

2 当蛋液开始凝固后，用筷子或叉子把它挑起来翻到另一面。不要让蛋皮变脆，也不要煎得太久，蛋皮应该保持金黄色。

3 从锅中取出蛋皮，移到铺有厨房纸的盘子里。要么把圆边修掉后做成蛋卷，要么卷起来切成细丝作为浇头。

玉子烧（日式蛋卷）

一些寿司行家建议在一餐的开始，先尝一块上面放了玉子烧的握寿司，以此判断这家寿司店的寿司饭是否做得恰到好处。玉子烧的味道微甜，口感柔软湿润。最好使用方形煎蛋锅（p.23），但是也可以使用圆锅，然后修成方形。玉子烧做好后，用保鲜膜包好放入冰箱冷藏，可以保鲜1天。

制作 1份玉子烧　|　**准备时间** 20分钟

材料

6个鸡蛋，打散

125毫升高汤（p.47）

2汤匙糖

1茶匙盐

1汤匙清酒（可选）

1汤匙味酥（可选）

1汤匙菜油，用于煎蛋

方法

1 把除了油以外的所有材料在碗里混合。把油倒入方形煎蛋锅，加热；用一块折叠的厨房纸擦去多余的油。把少量的蛋液倒入锅中测试温度。如果它吱吱作响，说明油已经足够热。将1/3的蛋液倒入锅中，使锅底覆盖薄薄的一层蛋液。

2 用中火加热，直到蛋液表面开始凝固，边缘开始变脆。

3 使用筷子或叉子将蛋皮向你的身体方向卷成1/4大小。

4 将折叠后的蛋卷推到锅的远端。

5 在锅的空余位置添加一点油。倒入足够的蛋液覆盖锅底。轻轻提起折叠的蛋卷，使蛋液覆盖整个锅底。

6 当蛋液开始凝固时，向你身体的方向卷成1/4大小，把第一次的蛋卷裹在中间。

7 将蛋卷轻轻推至煎锅的一边。重复这个过程，直到所有的蛋液全部煎完。关火，把蛋卷取出，放凉后切块。

制作日式高汤

这款高汤是一种基本的日式汤,不仅用在各种汤(p.52~p.55)中,也用在许多菜肴里,如沙拉、炖菜、玉子烧。与西方的高汤或浓汤不同,制作日式高汤相对较快。如果是素食主义者,去掉柴鱼片,用双倍的海带也可熬煮高汤。

制作 1升高汤　|　**准备时间** 20分钟

材料
1张明信片大小的海带　|　1升水　|　10克柴鱼片

方法

1 在海带上剪开一些小口,以助其释放更多的味道。把水放入平底锅中,加入海带,放置10分钟,然后用中火慢慢加热。在煮沸之前,取出海带不要。加入柴鱼片,不要搅拌。把水煮开,然后马上关火。

2 待柴鱼片下沉后,用麻布当作筛子过滤完成的高汤。在制作当天使用。

配菜和装饰

对于寿司来说，仅仅拥有美味是不够的，还需要漂亮的外形。将胡萝卜、白萝卜和黄瓜制作成花朵的形状或切碎，精妙的刀功还可以把黄瓜变成松枝来装饰寿司和汤。山葵泥叶子为寿司和生鱼片增添了一丝艺术气息。

准备时间 每种装饰大约需要5分钟

工具
花朵形蔬菜切模

制作胡萝卜花

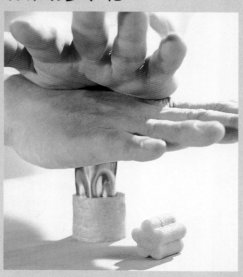

1 把一个中等大小的胡萝卜去皮，切成4厘米长的胡萝卜段。把胡萝卜一端放在稳定的砧板上，用蔬菜切模切成花朵形。在剩余的胡萝卜上重复相同动作。

2 把花朵形的胡萝卜段切成薄片，即是朵朵小花。

切黄瓜丝

1 切一段6厘米长的黄瓜，纵向切除1厘米宽的边缘，留下平面。切几片非常薄的薄片，当切到有种子的中心部分时不要再切。旋转黄瓜，在另一边重复相同动作。

2 把切好的黄瓜薄片重叠在一起，切成细丝。在水中浸泡10分钟后用作装饰。也可以用同样的方法处理白萝卜，浸泡10分钟后再使用。

专家级的黄瓜丝做法

1 切一段10厘米长的黄瓜，将刀刃切入表皮下面，让黄瓜贴着刀旋转，切成连续不断的薄片。

2 把黄瓜片切成几块大小相等的小块，摆在一起，然后小心地切成细丝。浸泡在水中10分钟，然后用作装饰。

制作松枝装饰

1 将一段7.5厘米长的黄瓜纵向切成两半，把两侧边的皮切掉。然后一直纵向切2~3毫米厚的薄片，顶端留1厘米不切开。

2 把这块黄瓜纵向切成两半。

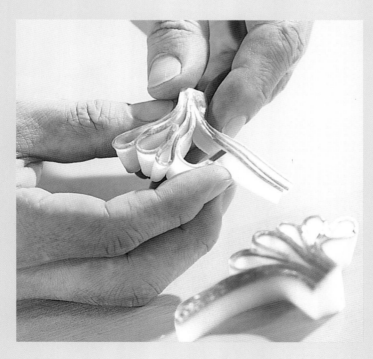

3 小心地把切好的黄瓜薄片折到里面，把每个黄瓜片都塞进自己和下一片之间的空隙中，只留最后一片不动。

制作山葵泥叶子

1 制作4片叶子,需要混合4汤匙山葵粉和4茶匙水,搅拌成光滑的膏状。取1/4的山葵泥,用手把它揉成一个圆柱形。

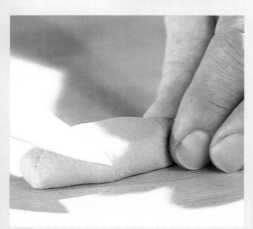

2 把小圆柱放在砧板上,一端捏成叶柄的形状。用刀刃扁平的部位将圆柱上面修平,用手指把山葵泥捏成叶片的形状。必要时,可以用湿的刀刃把有裂纹的地方修理平整。

3 用刀在山葵泥的表面刻出叶脉。重复相同动作制作其他3片叶子。

鸡蛋香菇清汤

这种汤里的鸡蛋丝丝缕缕，与香菇形成一种柔和的、微妙的对比。

制作 4人份　|　**准备时间** 25分钟

材料

适量高汤（p.47）

2个鸡蛋，打散

4个新鲜的香菇，去掉柄部

1汤匙淡口酱油

1汤匙清酒

盐

新鲜的香菜，用作装饰

方法

1 用小平底锅加热高汤直到煮沸，然后关火。

2 把打散的鸡蛋透过筛子漏进锅里，搅拌成丝缕状。用搅拌器在平底锅中轻轻地环形推动，使之分离。

3 放入香菇，再用淡口酱油、清酒和盐调味。小火煮沸，然后立即关火。

4 把汤舀到碗里，用香菜装饰，即可食用。

白肉鱼清汤

可以使用任何白肉类的鱼，如红鲷鱼、鳎鱼、海鲈鱼等。不要去除鱼皮，这样有助于保持鱼肉的形状，还能增加装饰效果。

制作 4人份　|　**准备时间** 20分钟

材料

适量高汤（p.47）

120克白肉鱼肉，如红鲷鱼、鳎鱼、海鲈鱼肉，切成8块

1汤匙淡口酱油

1汤匙味醂

盐

4根葱，切丝

方法

1 把高汤和鱼块放在一个小平底锅里，中火加热。在煮沸之前加入淡口酱油、味醂和盐调味。

2 把汤煮开，然后立即把锅从火上取下。

3 在每个碗里放两块鱼肉，鱼皮那面朝上。把汤轻轻淋到鱼块上，用葱丝装饰，即可食用。

后面：鸡蛋香菇清汤　　前面：白肉鱼清汤

蛤蜊味噌汤

这种经典的味噌汤很容易制作，因为水煮好后就是肉汤了。味噌的颜色各不相同，但一般来说颜色越深味道就越咸。

制作 4人份 | **准备时间** 20分钟

材料

4汤匙味噌酱

少量热水

1份高汤（p.47）

20个蛤蜊（p.133），洗干净

盐

2根葱，切丝

方法

1 把味噌酱溶于少量热水中，跟高汤和蛤蜊一起放进平底锅里。慢慢煮沸，撇去表面的杂物，然后从火上取下来，盖上锅盖。

2 盖上锅盖保持1~2分钟，直到蛤蜊壳全部打开。把壳没有张开的蛤蜊扔掉。用盐调味。

3 把汤舀到碗里，用葱丝装饰，即可食用。

活力味噌汤

这道汤里放了紫色西兰花，实际上用荷兰豆或者芦笋味道也不错。使用清淡的味噌酱来搭配蔬菜的鲜美味道。

制作 4人份 | **准备时间** 20分钟

材料

4汤匙清淡的味噌酱

少量热水

1份高汤（p.47）

250克紫色西兰花

盐

60克老豆腐，切成边长1厘米的方块

1汤匙焙芝麻，用作装饰（可选）

方法

1 把味噌酱溶于少量热水中，跟高汤和西兰花一起放进平底锅里。小火煮沸，持续3分钟。用盐调味。

2 加入豆腐块，再次煮开，然后从火上移下来。

3 把汤舀到碗里，用焙芝麻装饰（如果使用的话），即可食用。

后面：蛤蜊味噌汤　前面：活力味噌汤

鱼、虾、贝和鱼子

海鲜的安全食用与可持续发展

选择安全的食材

在家做寿司，最重要的一件事情就是了解你所购买的海鲜的新鲜程度及其可持续发展情况。用来生吃的海鲜要费点心思，因为并没有寿司等级和生鱼片等级的法律定义。与此同时，每一种鱼、每一种贝壳生物的可持续发展状态都在随着时间的推移而不断变化着，因此了解这些问题并不断更新最近的推荐是非常重要的。问一问海鲜的来源、捕捞的方式以及是如何储存和预先处理的，都能帮助你做出满意的选择。

判断等级

虽然"寿司等级"和"生鱼片等级"都不是法律规定的术语，但鱼商有时会用这些标签来表示这是他们的最新鲜的鱼。然而，新鲜的鱼并不总是意味着生吃是安全的。某些用于寿司和生鱼片的鱼出售前需要冷冻来杀死细菌和寄生虫。来自英国、美国管理机构的指南规定，这些鱼冷冻时不应该超过-20℃，不过有些供应商使用了日本的超级冷冻技术（superfreezing technique），以在-60℃保持最高品质。

如果不放心品质，可以找一个可靠的、有信誉的鱼商或海鲜市场，询问捕捞的时间和地点，捕捞应该在48小时内，并确定鱼得到了正确的冷藏，而不是泡在融化的冰水中。还要问清楚，这些鱼是否经过冷冻处理，生食是否安全。要尽量靠近去检查鱼的新鲜度：用你的眼睛、鼻子和触觉来判断质量

▲ **新鲜捕捞的鱼**
这些鱼捕捞出来后，被立刻冷冻起来，然后真空包装或者在船上冷冻保存。

▲ 渔网
这张渔网有大小不同的网洞，这样只捕捞目标鱼类，其他鱼类得以逃生。

（见p.60和p.104的建议）。

生吃类鱼也应该与其他鱼类分开储存和处理，以防止交叉污染。如果你要求鱼商切成无骨的鱼肉和去掉鱼皮，应确保他使用的是干净的砧板和刀具。

也有销售专门用于寿司和生鱼片的海鲜的网上供应商，但无一例外，都要清楚你要买的鱼经过了怎样的处理。

选择可持续发展的海鲜

有几个因素会影响到鱼类的可持续发展，情况也在不断发生变化中。

当鱼被过度捕捞，或者捕捞的间隔时间少于它们生长和繁殖所需的时间时，鱼的数量会减少。大型、生长缓慢的鱼，如金枪鱼和大比目鱼，最容易受到过度捕捞。从管理良好的渔场中选择鱼，并避免捕捞小鱼和幼鱼，给它们留有机会繁殖。

一些捕鱼方法会对海底造成很大的破坏，比如桁拖网、海底拖网和拖捞网。其他捕捞方法，如远洋延绳钓，可能误捕脆弱的副渔获物（bycatch），如海鸟、海龟和海豚。

如果在开放的海水环境中养鱼，而水被周围环境污染时，养鱼也是一个问题。有时使用的鱼饲料也具有不可持续性。然而，对于许多贝类来说，养殖是一个很好的选择，因为它们不需要额外的饲料。

海洋管理委员会这样的组织可以认证可持续发展渔业，因此要寻找他们的标识。也要参考保护组织（如英国海洋环境保护协会）所提供的可持续发展海产品指南。

圆身鱼和扁身鱼

下面的内容将帮助你辨别哪些鱼适合做寿司，哪些鱼适合做生鱼片，以及如何选购合法捕捞的最新鲜的当季鱼类（味道、口感和价格最优的应季鱼类）。你也会了解到选择鱼的什么部位以及怎样处理鱼肉。

无须再赘述购买新鲜鱼来做寿司和生鱼片的重要性。一整条鱼比一小块鱼更能清楚地表明其新鲜程度，就算不能整条购买，也可以在切成鱼块前好好看清楚。买鱼时请检查以下方面：

眼睛——应该清亮、突出，而不是混浊、凹陷。

鱼鳃——应该呈鲜艳的粉色或者红色，而不是深红色。

身体——轻轻按下去，可以感受到鱼肉紧实有弹性，而不是如海绵般柔软黏手。鱼鳍和鱼尾应该完好无损。

味道——干净新鲜的海洋味道，而不是令人不快的腥臭味。

如果只购买鱼块，鱼肉颜色应该是鲜亮的，不要暗沉的，也不要买珍珠白色或者有彩虹色光的鱼肉。跟鱼商交个朋友吧，他会很高兴回答你的问题。

竹笑鱼

对于日本人来说，竹笑鱼是最受欢迎的一种银身鱼（闪闪发光的鱼）。银身鱼即有闪亮银色或者蓝色皮肤的富含油脂的小鱼。它价格低廉，全年供应，有单一却令人满意的味道。然而，在日本以外的国家，人们因其锋利的隆起脊、味道强烈而需要慢慢适应它。竹笑鱼最好做成握寿司，因为它很快会失去风味，必须由熟手快速加工，它最适合给经验丰富的寿司师傅做食材。

查看内部鱼鳃，检查新鲜度：鱼鳃应该呈鲜红色、潮湿，不应该呈棕色或者失去颜色、干燥

竹笑鱼的身体呈银色偏蓝，背部颜色略深

竹笁鱼鱼块

跟用于寿司中的其他银身鱼的鱼块一样，竹笁鱼也需要带皮食用，其口感比鲭鱼更为柔和。

通常鱼肉连皮出售

非常紧实的红色鱼肉

在竹笁鱼侧面有隆起的脊骨，在食用前需要清除

最佳食用季节

竹笁鱼有13个品种，广泛分布于世界各浅海海域。虽然一年四季都有竹笁鱼供应，但在一年的某些时候是最好的：在澳大利亚和日本，最好的季节在冬季（在日本，也有夏季竹笁鱼最肥美的说法）；在北美东海岸，春季和夏季为竹笁鱼的黄金时期；在欧洲最好的季节则是夏季和秋季。

可持续发展建议

选择使用升降网捕捞的竹笁鱼，因为使用升降网的渔场的副渔获量较低。避免食用幼鱼。成熟的竹笁鱼长度大约为25厘米。

鲱鱼和沙丁鱼

鲱鱼和沙丁鱼是近亲，同属鲱科（目前世界上已发现大约180个品种）。这两种味道独特的鱼都被日本人归为"银身鱼"。然而，像竹笑鱼一样，它们的保鲜期很短，很快就会变质，因而仅用于握寿司，而且需要专业的预处理。在日本，鲱鱼有很高的价值，因为它们的鱼子（kazunoko）被称为"黄色的钻石"。

鲱鱼

鲱鱼和沙丁鱼鱼块

鲱鱼和沙丁鱼都需要去掉鱼鳞，但鱼肉上应该完好无损地保留鱼皮。

鱼鳞很容易被清除

沙丁鱼肉上还保留着很多细刺

新鲜的沙丁鱼有
清亮发光的眼睛

沙丁鱼

成年沙丁鱼身长25厘
米,但是通常会偏小

鲱鱼的身体呈流线型,
长度可达30厘米

像多数圆身鱼一样,
头部和尾部都丢弃

最佳食用季节

沙丁鱼在北美市场上是重要的经济鱼类,一年四季
都有,但夏季的沙丁鱼品质不太好。在欧洲,鲱鱼全
年都有,但最好的季节是5月到9月。在北美洲的太
平洋沿岸,从12月到翌年2月,正是鲱鱼产卵的季
节;而在大西洋沿岸,产卵季节则是在冬季和春季
之间。

可持续发展建议

鲱鱼是不错的选择,尽管有些种
类的数量呈下降趋势,它的存量
还是有弹性的。沙丁鱼在地中海
地区被过度捕捞,如果可能的
话,选择太平洋或大西洋东北部
的沙丁鱼。它们都是使用比较环
保的方法被捕捞上来的。

鲣鱼

鲣鱼是一种与金枪鱼同科的中型鱼，它是海洋中速度最快的游泳者之一，传统上用一本钓法（仅用单个钓竿、单个钓钩的钓鱼方法）捕捉鲣鱼，而不使用大型拖网，这可能会损害它的肉质。日本料理的所有精致细节里，鲣鱼几乎都起了重要作用。在寿司、腌制食品或者将生鱼片略微煎烤制成的食物中都有它的身影。鲣鱼经过干燥和刮薄，用于制作日本的基本高汤。鲣鱼也常常跟姜末搭配在一起食用，姜末能提升鲣鱼独特的、饱满丰富的味道。

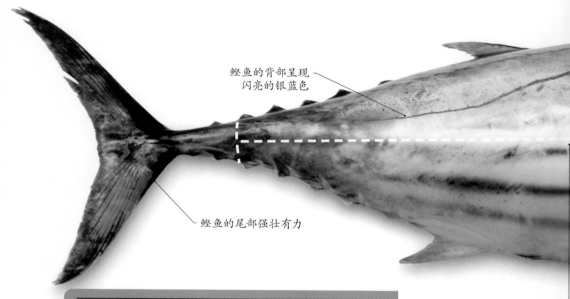

鲣鱼的背部呈现闪亮的银蓝色

鲣鱼的尾部强壮有力

每侧都可分成两大块

最佳食用季节

也有其他被称作鲣鱼的鱼，但日本料理中使用的是叫 "skipjack tuna" 的鲣鱼。在春季，鲣鱼开始沿着日本的太平洋海岸向北迁移，5月初开始，鲣鱼出现在日本东京寿司店的菜单上，这也预示着夏天的到来。到了秋天，鲣鱼向南返回，一些寿司鉴赏家更喜欢 "返回鲣鱼" 的味道。在美洲，鲣鱼在5月到10月正当时令。在澳大利亚，一年四季都有鲣鱼供应，但最好的季节在3月到6月。

鲣鱼鱼块

如果用于寿司和生鱼片，一般保留鱼皮。最受欢迎的做法是轻微地烤过之后放入冰水中，让肉质坚硬。

玫瑰色的鱼肉

从背部切下的肉比从腹部切下的更多

大块鱼肉被切成更小的块

可持续发展建议

鲣鱼与其他种类的金枪鱼相比较不容易被过度捕捞。那些使用拖网或者竿钓的捕捞方法是更具有可持续发展性的。但是，应该避免使用有钓鱼聚合设备（FADs）的围网捕鱼，因为它们会吸引那些岌岌可危的副渔获物。

金枪鱼

金枪鱼生活在温带和热带海域，是一种快速游动的洄游鱼。它与鲭鱼是近亲，但体形更大，可以长到4.3米长，重达800千克。它肥厚的红色鱼肉被公认为美味，尤其是有丰富脂肪的腹部更是珍品。但是，正因为高需求而导致过度捕捞，金枪鱼需要几年的时间才能成熟，数量也急剧减少。几乎所有种类的金枪鱼都在减少中，尤其是蓝鳍金枪鱼和大眼金枪鱼几近灭绝，应该避免食用。

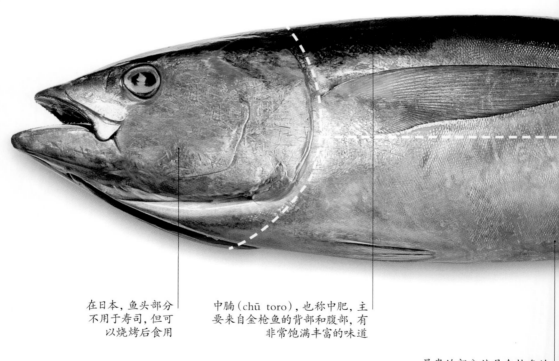

在日本，鱼头部分
不用于寿司，但可
以烧烤后食用

中脯（chū toro），也称中肥，主
要来自金枪鱼的背部和腹部，有
非常饱满丰富的味道

最贵的部分就是金枪鱼的
腹部，也称大肥或大脯
（ōtoro），鱼肉呈淡粉色，
间杂着脂肪，入口即化

金枪鱼鱼块

买金枪鱼时最有可能买的就是鱼块：选择颜色鲜红而不是暗红或者灰棕色的鱼肉。鱼肉应该湿润，但又不是湿淋淋的。筋线之间的距离应该均匀。

尾部与众不同的红色鱼肉

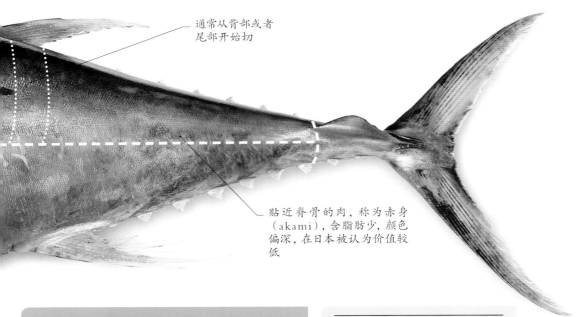

通常从背部或者尾部开始切

贴近脊骨的肉，称为赤身（akami），含脂肪少，颜色偏深，在日本被认为价值较低

最佳食用季节

金枪鱼是一种高度洄游鱼，在世界各地全年都可以买到，但总的来说，寒冷季节里金枪鱼的品质最好。长鳍金枪鱼（binnaga）是一种稍小的金枪鱼，鱼肉颜色偏浅，多数情况下在6月到10月在太平洋被捕获。黄鳍金枪鱼（kihada）是体形更小的种类，鱼肉呈明亮的红粉色，这种鱼生活在太平洋的中西部地区和印度洋海域。

可持续发展建议

只能偶尔食用金枪鱼，并选择经过认证的渔业捕捞的鱼。因为许多金枪鱼被过度捕捞，而且某些捕鱼方法会造成损失。长鳍金枪鱼和黄鳍金枪鱼是不错的选择。避免食用蓝鳍金枪鱼和大眼金枪鱼，它们都正在濒临灭绝。

鲭鱼

鲭鱼可以说是最健康、产量最高、最美味的鱼。世界各地，无论温带还是热带的水域里都有鲭鱼。跟其他多脂鱼类一样，富含脂肪的鲭鱼肉内含有丰富的$\Omega-3$脂肪酸，这是有助于预防心脏病和中风的重要脂肪。不过，如果鲭鱼被捕获后没有立刻冷藏，就会迅速失去鲜美滋味和营养。因此，习惯上人们很少生吃鲭鱼，都是煮熟或半腌制后再食用。腌鲭鱼箱寿司（p.183~p.185）就是最著名的使用范例。

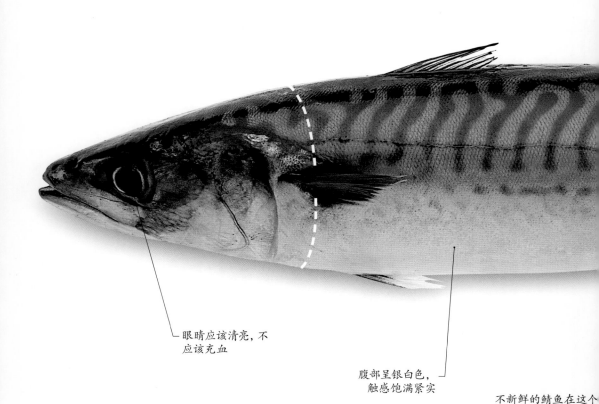

眼睛应该清亮，不应该充血

腹部呈银白色，触感饱满紧实

不新鲜的鲭鱼在这个位置呈现出黄色

鲭鱼鱼块

鲭鱼味道浓烈，富含蛋白质和鱼油。可以购买鱼块，也可以买整条鱼回来自己加工（p.80~p.83）。

有一层薄薄的皮肤一样的鱼皮需要去除（p.101），因为它是滋生细菌的温床

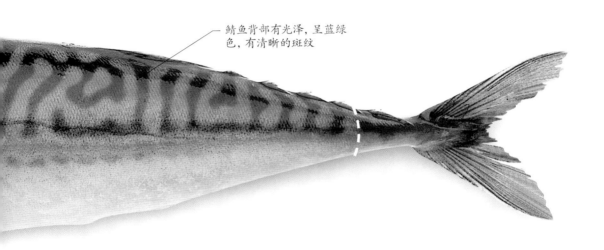

鲭鱼背部有光泽，呈蓝绿色，有清晰的斑纹

最佳食用季节

鲭鱼有3个品种，广泛分布于世界各地：太平洋鲭鱼、大西洋鲭鱼和在澳大利亚、新西兰和夏威夷群岛发现的斑点鲭鱼。鲭鱼的最佳食用季节在欧洲是2月到6月，在北美洲是夏季到秋季，在澳大利亚和新西兰则是在冬季。

可持续发展建议

鲭鱼是非常好的选择，因为它繁殖迅速，再生能力强。选择从当地得到捕捞许可后捕捞上来的鱼，用围网、刺网、敷（漂）网和手钓的方式捕鱼，以确保将副渔获物数量降至最低和减少环境破坏。

鲑鱼

鲑鱼也叫三文鱼，多数品种的鲑鱼都是洄游鱼。它们在淡水中产卵，之后幼鱼游到开放的海域中成长到成熟，然后再回到出生地产卵。野生鲑鱼以鱼和甲壳类动物为食，它们赋予了鲑鱼肉独特的颜色。鲑鱼原产于北半球的冷水区域，但现在世界上许多地方都在养殖鲑鱼。它已经成为西方最受欢迎和公认的生食寿司食材之一，但在日本，这种鱼通常是经过腌制的。

鳃的内部应该是鲜红色的，不要购买鱼鳃呈深红色的鲑鱼

从鱼身中间位置切下来的可做鱼排

在产卵季节，鲑鱼腹部富含脂肪，很饱满

鱼排和鱼块

鱼排和鱼块都很容易获得。鱼块也许更贵，但它们更适合制作寿司（p.96）。

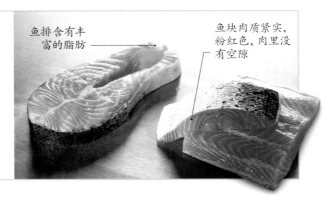

鱼排含有丰富的脂肪

鱼块肉质紧实，粉红色，肉里没有空隙

鱼块是从鱼身侧面切下来的

野生鲑鱼的尾巴边缘参差不齐

最佳食用季节

食用野生太平洋鲑鱼的最好季节是6月到9月。鲑鱼有5个主要的品种：大鳞大麻哈鱼（chinook）和银大麻哈鱼（coho）这两个品种被公认为味道最好，但在北美以外的地方通常买不到；大麻哈鱼（keta或chum）和红大麻哈鱼（sockeye）这两种在世界上其他地方也有新鲜鱼出售；细鳞大麻哈鱼（pink salmon）一般都是冷冻或者罐装出售。养殖的大西洋鲑鱼全世界整年有售。

可持续发展建议

在太平洋东北海域受到严格管理的野生太平洋鲑鱼是最好的。野生大西洋鲑鱼已严重枯竭；目前大部分都是人工养殖的，可能存在环境问题。可购买有机养殖鲑鱼或封闭水箱养殖鲑鱼（不是开放的渔网养殖鲑鱼）。

多利鱼

多利鱼，又叫海鲂。这种鱼的鳃后面有个清晰的圆点，因此又得名"圣彼得鱼"。据说这个圆点是圣彼得把鱼捡起来的时候拇指按到的地方。在日本水域很少有多利鱼，所以在日本的寿司店里也很少见。多利鱼肉呈白色，紧实、口感细腻，适合任何种类的寿司，在澳大利亚是非常受欢迎的寿司食材。

多利鱼块

多利鱼的骨头粗重，处理鱼肉容易，但是鱼肉不厚。

鱼肉相对而言
比较少而且贵

多利鱼皮肤光滑,没有鱼鳞

最佳食用季节

多利鱼生长于欧洲、非洲、亚洲、澳大利亚和新西兰沿海岸线的水域中。在欧洲全年都能买到,但是在6月到8月肉质稍差。而在澳大利亚和新西兰,冬季正是食用多利鱼最好的季节。

灰色圆点令其得到昵称"目标多利(target dory)"

可持续发展建议

多利鱼不是目标捕捞鱼类,而是副渔获物。多利鱼数量不可知且不可控。不要捕捞未成年多利鱼;成年多利鱼长度不小于35厘米,在6月到8月也不要食用,因为正是多利鱼产卵的季节。

海鲈鱼

日本人认为，海鲈鱼的白色鱼肉几乎和他们吃的鲷鱼（红鲷鱼）一样品质上乘，并把这种鱼和成功的人生联系在一起：它的别名叫shusse uo，寓意为"生命的提升"或"提升"。这是因为海鲈鱼在成长过程中经历了一系列阶段，从淡水开始，最后在海洋结束。它在每个阶段都有不同的名字，只有当海鲈鱼生活在海中，并生长到特定的大小时，才会获得"海鲈鱼"这个名字。这种鱼肉质紧实，味道鲜美，是制作握寿司的极好食材。将其切成如纸般的薄片，就是优雅的生鱼片。

眼睛不应该凹陷

海鲈鱼的鱼鳞非常坚硬，在切下鱼肉之前需要刮掉（p.80~p.83）

海鲈鱼鱼块

通常海鲈鱼肉质肥厚，是制作寿司的理想材料。

鱼肉带皮售卖

鱼肉呈浅色，几乎有些透明，下层呈粉色是其典型特征

野生海鲈鱼的脊骨和鱼鳍通常是完整的

最佳食用季节

世界上有各种各样的海鲈鱼。在日本，食用野生海鲈鱼的最好季节在初夏；在北美一年四季有售；在澳大利亚最好的季节则正当夏末；而在欧洲则最好的季节是冬季。人工养殖的海鲈鱼可食用，价格合理。不要把海鲈鱼跟南极鳕鱼相混淆，那是一种脆弱的鱼类，经常被当作智利海鲈鱼出售。

可持续发展建议

避免食用野生的欧洲海鲈鱼，它们的数量正在减少。那些养殖的有机鱼或封闭的水箱养殖鱼更具有可持续发展性。选择大西洋和太平洋海鲈鱼，用手钓或陷阱捕捉，以减少生态影响，不可以使用拖网捕鱼。

红鲷鱼

日本人认为红鲷鱼（tai）是海洋中最好的、最高贵的鱼，其中产自濑户内海的红鲷鱼被称为真鲷（ma dai），鱼肉最为细嫩。红鲷鱼肉质紧实，呈粉白色，味道鲜美。在新年那天，一条完整、漂亮、尾巴向上翘起的烤鲷鱼就像西方感恩节或圣诞节的烤火鸡一样重要。红鲷鱼总是供不应求，难怪许多跟它毫不相关的鱼常常冒名顶替它。真鲷数量极少，其他地区的红鲷鱼、海鲷、棘鬣鱼，是接近的替代品。

最佳食用季节

在日本，食用真鲷最好的季节在春季。在北美洲，食用棘鬣鱼5月和9月是最好的季节。在欧洲，红鲷鱼和海鲷在6月到12月最好。在澳大利亚和新西兰，赤鳍笛鲷（也叫作澳大利亚鲷鱼，即普通的鲷鱼）大量食用的季节是秋季和冬季。

红鲷鱼鱼块

红鲷鱼具有细腻的风味和粉白色的鱼肉，成为寿司和生鱼片的常见材料。你可以直接购买鱼块，也可以买整条鱼自己切（p.80~p.83）。

制作寿司的时候保留鱼皮

标志性的粉白色鱼肉

野生红鲷鱼有不间断的尖刺状鱼鳍

眼睛应该清亮

将红鲷鱼制作成鱼块之前，需要清除鱼鳃

可持续发展建议

红鲷鱼、海鲷和棘鬣鱼等多种鱼都易受到攻击，而且被过度捕捞。检查当地的捕捞指南，确保你购买的鱼是具有可持续发展性的。封闭水箱养殖的金头鲷鱼（gilthead bream）是不错的选择。

怎样处理圆身鱼

用于制作寿司和生鱼片

买一整条鱼更经济实惠,也更容易判断它的新鲜程度。日本人称这里的处理方法为"三枚卸",即"sanmai oroshi",也有译为"片三片"的。最后切好的鱼包含了两片鱼肉和一副鱼骨架。要使用锋利的刀,在容易获得流水的地方工作。

准备时间 约15分钟

工具

刀 | 刮鳞器 | 大塑料袋 | 鱼骨夹或小镊子

方法

1 按住鱼头,从鱼尾开始,向鱼头方向刮鳞。

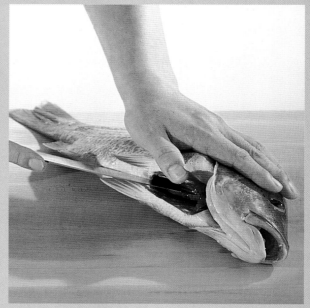

2 锋利的刀尖插入鱼腹,从鱼身下面的鱼鳃开始直到鱼的尾鳍那里全部剖开。注意不要切到内脏。

3 从尾鳍继续切开直到鱼尾。用力打开切口,把内脏取出丢掉,然后清洗鱼腹内壁和刀。

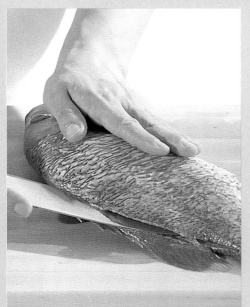

4 鱼头朝向你的身体,从鱼尾处下刀,切入鱼背。刀刃贴着脊骨一直切到鱼头处。

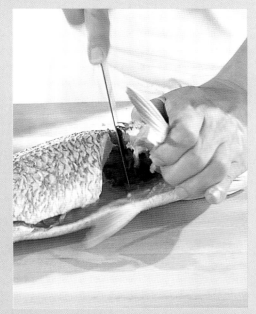

5 抓住一侧的鱼鳃,切断身体直到鱼脊骨。翻过来再切另一侧。最后,把脊骨切断,去掉鱼头。

6 把刀插进鱼尾处背部的切口里，刀尖从鱼腹部的切口出来，这样刀刃就会贴着鱼的骨架贯穿半侧鱼身。保持刀刃水平，从尾部向头部，像用锯一样平稳地把鱼肉分离下来。让刀刃一直贴着肋骨和脊骨。把连接在鱼尾处的鱼肉上的鱼皮切断。

7 把鱼翻面，重复步骤4、6，然后切下第二块鱼肉。

8 现在你应该有两大块鱼肉和一副鱼骨架了。

9 保持刀刃水平，小心切除腹部内壁和肋骨。用手轻轻放在鱼肉表面去感受是否还有鱼刺。如果有，用鱼骨夹夹出来。修整鱼肉边缘。

10 去皮的时候，在手指上涂一点盐，以增大摩擦力。抓住尾部，刀身略倾斜切到鱼皮处，注意不要把鱼皮切破。

11 保持刀刃不动，与砧板几乎平行，小心翼翼地拉动鱼皮，从一端拉到另一端，让鱼皮从鱼肉上完全脱离。

大菱鲆

也称多宝鱼。大菱鲆原产于欧洲，但是在日本，两只眼睛都在头部左侧的鱼也叫比目鱼。体形相似但略小的，产自印度洋、中国南海以及澳大利亚昆士兰沿海的鱼，经常被当作比目鱼进口到日本。在所有的比目鱼中，肉质呈白色的比目鱼被认为风味极佳，肉嫩多汁。最好的食用方式就是用于寿司和作为生鱼片直接生吃。

新鲜的鱼，眼睛
不会凹陷

大菱鲆鱼块

鱼肉的边缘被认为是一种美味，因为口感略脆。每条鱼只有几小条。

不要去除鱼肉的边缘

最佳食用季节

在日本和北半球的其他地区，比目鱼的最佳食用季节在秋季和冬季。在加拿大、北欧和地中海的近海水域发现有野生大菱鲆。养殖的大菱鲆数量正在逐渐增加。在6月到12月，来到了最好季节的是棘鲽鱼和印度多刺大菱鲆——另一种大菱鲆，它们经常被作为比目鱼出口到日本。

背部覆盖着很多很小的坚硬结节

大菱鲆有一种天然的伪装技能，颜色可以从灰棕色变化为黑巧克力色

可持续发展建议

野生大菱鲆的数量很少受到监测，因此人们不常食用。选择在封闭水箱中养殖的大菱鲆，或者设置陷阱以及垂钓捕获的野生大菱鲆。避免食用未成熟的鱼，它们的长度小于30厘米。4月到8月是大菱鲆的繁殖季节。

欧洲比目鱼

欧洲比目鱼是左眼比目鱼（在日本也被分类为比目鱼），与大菱鲆同属一个家族。欧洲比目鱼体形略小，肉质甜而紧致，经常被用来替代大比目鱼，是制作寿司的非常受欢迎的材料。欧洲比目鱼可以伪装自己，根据所生活的海床来改变背部皮肤的颜色。

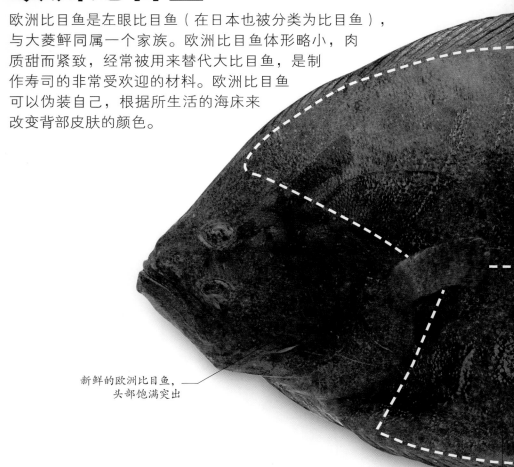

新鲜的欧洲比目鱼，头部饱满突出

身体两侧各能片出2块鱼肉（p.92~p.95）

最佳食用季节

在大西洋东部、地中海和黑海发现的欧洲比目鱼可供给欧洲大部分地区全年食用，但秋季和冬季是最好的食用季节。世界上还有其他种类的左眼比目鱼，跟欧洲比目鱼相似，可用同样的方法来制作寿司。不过，要避免食用灯笼鱼（megrim），虽然其外表跟欧洲比目鱼相似，但食之无味，不适合制作寿司。

可持续发展建议

拖网捕捞会对欧洲比目鱼的海底栖息地造成损害，使用刺网捕捞更为合理。欧洲比目鱼数量储备不足，所以要避免在夏季繁殖的季节捕捞，也要避开未成熟的鱼，通常它们的长度小于30厘米。

鱼皮呈橄榄色到棕色，手感不应黏滑

欧洲比目鱼鱼肉

购买欧洲比目鱼鱼肉的时候，一定要买背部的，因为肉质更厚。

肉质紧致，含有黄色线条

87

柠檬鳎鱼

尽管它的名字叫"柠檬鳎鱼"（lemon sole），但它与多佛鳎鱼〔龙利鱼（dover sole），p.133〕没有关系，实际上是一种鲽鱼。日本人把它看作鲽鱼家族的一种：两只眼睛都长在头部右侧的比目鱼。在鲽鱼家族中，柠檬鳎鱼常常因为其他更珍贵的比目鱼而被忽略，比如大比目鱼、牙鲆和欧鲽。然而，它甜甜的白色鱼肉使它适合制作所有类型的寿司和生鱼片。

柠檬鳎鱼鱼肉

柠檬鳎鱼肉质甜美、多汁，在日本以外的国家是极受欢迎的寿司材料。

背部厚厚的鱼肉特别适合制作寿司和生鱼片

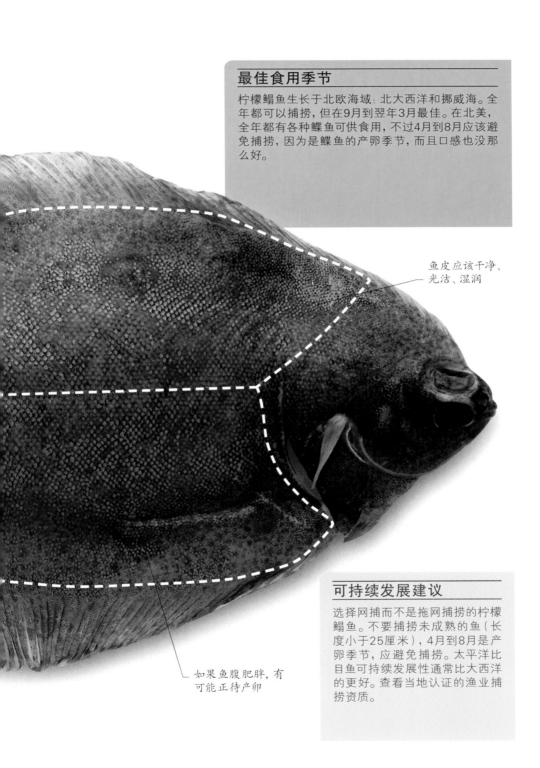

89

最佳食用季节

柠檬鳎鱼生长于北欧海域：北大西洋和挪威海。全年都可以捕捞，但在9月到翌年3月最佳。在北美，全年都有各种鲽鱼可供食用，不过4月到8月应该避免捕捞，因为是鲽鱼的产卵季节，而且口感也没那么好。

鱼皮应该干净、
光洁、湿润

可持续发展建议

选择网捕而不是拖网捕捞的柠檬鳎鱼。不要捕捞未成熟的鱼（长度小于25厘米），4月到8月是产卵季节，应避免捕捞。太平洋比目鱼可持续发展性通常比大西洋的更好。查看当地认证的渔业捕捞资质。

如果鱼腹肥胖，有
可能正待产卵

大比目鱼

大比目鱼是比目鱼家族（这种比目鱼的两只眼睛都在头部右侧）的一员，是最大的比目鱼。它的长度可以达到3米多，重量超过300千克。由于它是一种生长缓慢的鱼，需要7~11年才能成熟，寿命长达50年。它很容易被过度捕捞，在北大西洋已经变得稀少。它的肉精瘦、紧实，肉质呈白色，味道柔和、有甜味，是制作寿司和生鱼片的最受欢迎的食材，但要小心选择可持续发展的来源。

大比目鱼鱼肉
因为该鱼的体形大，在日本，经常直接出售大比目鱼的鱼肉。

需要先把骨头剔除，才能切片制作寿司（p.98、p.99）

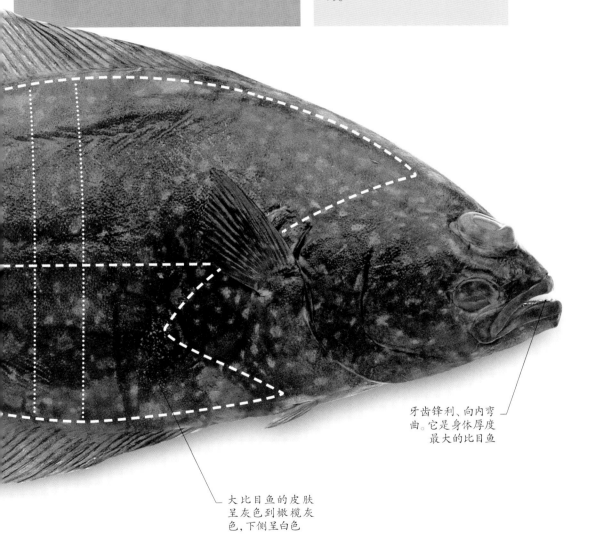

牙齿锋利、向内弯曲。它是身体厚度最大的比目鱼

大比目鱼的皮肤呈灰色到橄榄灰色，下侧呈白色

91

比目鱼的处理方法

用于制作寿司和生鱼片

日本的寿司师傅通常用"五枚卸"(又译为"片五片")的方法来处理比目鱼,五枚卸是因为处理后为四块鱼肉和一副骨架而得名。大多数比目鱼都有肉眼看不见的鳞片,必须通过剥皮而去除。

准备时间 约15分钟

工具

刀 | 鱼骨夹或小镊子

方法

1 刀成45°从鱼鳍下入刀切掉鱼头。当拉下鱼头的时候,内脏也会随之一起出来。

在干净的工作台上处理

2 将鱼腹浅色那面朝下放在砧板上,沿着外侧鱼鳍的内侧切入。

3 把鱼翻面,同样切入。

4 现在开始从鱼尾向鱼头方向切,深度应该切到鱼骨。切开鱼身的中间部分。

5 把鱼调转方向，让鱼尾朝向自己。刀微微倾斜，刀刃从鱼身中间切入，感觉到刀碰到鱼骨。让刀顺着鱼骨向下切，纵向把鱼肉从骨头上分离。顺畅地一刀切下去会让鱼肉干净整齐，没有参差不齐的刀口。

6 再把鱼身调转方向，从鱼尾开始下刀，按照相同方法继续将另一面的鱼肉切下来。

7 大比目鱼的身体几乎是对称的，重复步骤 4~6，把另一面的鱼肉切下来。

8 按照一定角度，小心地切掉鱼的腹腔内壁，用鱼骨夹拔下小骨刺。把鱼片修成整齐的形状。

9 完成后应该有4块鱼肉。如果需要去皮，参见p.83的步骤10、11操作。去皮后，就可以按照制作寿司或者生鱼片的要求将鱼肉切片了。

将鱼肉切片

用于制作寿司和生鱼片

虽然买一整条鱼是最理想的，但总归不那么实用。大型鱼，如金枪鱼、鲑鱼（三文鱼）或大比目鱼，通常切成块状或鱼片售卖。下面将介绍如何根据不同类型的寿司和生鱼片处理鱼肉。先从无皮鱼肉开始，重量大约300克，2.5~5厘米厚。

准备时间 约15分钟

方法

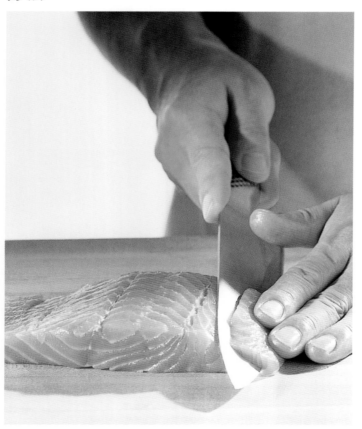

1 对于握寿司（p.222~p.239）来说，需要斜向切5毫米厚的片。刀成45°斜角切鱼肉。指尖轻轻放在鱼肉上，小心地把刀切入鱼肉中，以切出薄厚均匀的鱼片。第一片可能不适合握寿司，但它可以用于细卷寿司。

3 对于箱寿司（p.180~p.193）和薄的生鱼片（p.248，p.249），需要切成大块、扁平的鱼片。一只手轻轻放在鱼肉上，保持刀刃与鱼肉平行，尽可能小心地从鱼肉顶部开始切成薄片，约3毫米厚。如果需要更多鱼片，继续重复该步骤。

2 对于手卷寿司和太卷寿司（p.217~p.219和p.201~p.203），先切成握寿司所需大小的鱼片（见步骤1），但切得稍微厚一点。接下来，纵向切成1厘米宽的长条。手卷寿司需要每条鱼肉的长度大约在6厘米，以符合锥形筒的长度。

4 散寿司（p.136~p.159）或生鱼片（p.240~p.245）所需要的鱼片，要切成1厘米厚。也可以切成条形用来制作卷寿司。

将鱼排切片

用于制作寿司和生鱼片

许多大型的鱼通常被切成鱼排出售，在切片制作寿司之前还需要一些准备工作。先除去鱼骨（鱼刺）和鱼皮，然后切成块状，继而切成鱼片，用来制作散寿司、太卷寿司和握寿司。一块鱼肉大约重250克。

准备时间 15分钟

工具

刀 ｜ 鱼骨夹或小镊子

方法

1 把鱼肉放在砧板上，鱼皮面向下。按稳鱼肉，用锋利的刀贴着中心鱼骨的下方，把鱼肉切成两半。

2 把带有鱼骨的那半块鱼肉放在砧板上，鱼皮面向下。按稳鱼肉，小心地剔除鱼骨。

3 剔除可能留在鱼肉中的鱼骨（鱼刺）（p.101的步骤5），用锋利的刀修去边缘的脂肪组织。

4 鱼皮面向下，把鱼肉放在砧板上。刀刃与砧板平行，小心去除鱼皮。

5 把鱼肉均匀地切成1厘米厚的条形，用来制作散寿司、握寿司或者生鱼片。

6 或者，把鱼肉切成两段，再纵向切成铅笔粗细的条形，用于制作卷寿司。

腌制鲭鱼

鲭鱼是一种很好的鱼：数量多，全年都有，价格便宜，而且非常有益健康。只是它的保质期很短，所以即使在日本，也很少生吃。将鲭鱼浸泡在加了盐的醋中，使其延长保质期，也丰富了它的味道，让肉质更紧实，容易切片。你可以预先准备好，一旦经过浸泡，要用保鲜膜包好，在冰箱里最多保存3天。

准备时间 2~3小时

工具

日式竹筛或者滤盆 | 厨房用镊子或者鱼骨夹

材料

每150克鲭鱼肉需要

大约2汤匙海盐

125毫升米醋

1/2汤匙味酥或者3/4汤匙白糖

1/2茶匙盐

方法

盐能够吸收鱼身上的水分，以利于保存鱼肉

1 把鲭鱼片放在一个大碗里，倒入海盐。用海盐轻轻搓揉鲭鱼肉，让海盐将鱼肉均匀覆盖。

2 把鱼片放在日式竹筛或滤盆里，放置至少30分钟，最好放1小时，让盐把鱼肉里的汁液腌出来。放在水龙头下用冷水冲洗，再用厨房纸拍干。

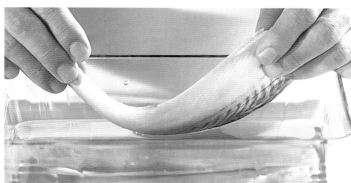

3 将米醋、味酥（或白糖）和盐放入一个塑料或玻璃容器中混合，容器应该足够大以便让鱼肉平放其中。将鱼肉放入容器中，用腌料腌1~2小时。

4 把鱼肉从腌料中取出，用厨房纸拍干。此时鱼肉应该呈白色。慢慢把外面那层薄薄的鱼皮撕下来，即使下层鱼皮被撕下来一部分也不用担心。

5 把鱼肉放在砧板上，用指尖轻轻地上下检查一下是否有小的鱼刺。如果发现鱼刺，用鱼骨夹夹住取出。需要的话，再用锋利的刀修整边缘，切成需要的形状。

嫩化鱼皮
用于制作寿司和生鱼片

用于寿司和生鱼片的鱼通常都是去皮的，但一些中等大小的鱼，尤其是红鲷鱼和银鲷鱼，有美味、耐嚼、略带甜味的鱼皮，如果丢掉，日本人觉得是浪费，很可耻。于是，他们发明了一种被称为"松树皮法"（matsukawa-zukuri）的、通过短暂的焯水令鱼皮嫩化的技术。因为鱼皮收缩后看起来像松树的树皮而得名。这种方法适用于任何大小的鱼肉，但必须先去除鱼鳞。

准备时间 10分钟

工具

日式竹筛或者滤盆 | 日本饭巾或茶巾

方法

1 在浅盘上放一个日式竹筛，或者在水槽上放一个滤盆，将去除鱼鳞但是保留鱼皮的鱼肉鱼皮朝上放在上面。然后用干净的饭巾或者茶巾盖上。

2 把300毫升水烧开。小心地把刚烧开的水浇到盖着的鱼肉上。

3 为使鱼肉即刻冷却，将其浸入冷水或者用冷水冲洗几分钟。鱼肉应该变成白色，鱼皮收缩。

4 将鱼肉切成1厘米厚的长条，用于制作散寿司或者生鱼片。

虾、贝和鱼子

日本是一个被海洋包围的岛国，因此日式料理中涵盖了各种各样的海鲜，包括用于制作寿司和生鱼片的虾贝类和鱼子。尽可能购买最新鲜的食材，其重要性不言而喻。按照下面各项逐条检查其新鲜程度：

• 扇贝和牡蛎应该都是鲜活的，不应该漂浮在水中，拈起来手感沉重；贝壳紧闭，不应该有开口。

• 选择有透明感、没有破损的虾。

• 如果买一整条章鱼，检查眼睛是否清澈明亮，不应该暗沉或者凹陷。

• 海胆几乎都是经过处理的，海胆黄已经从壳里取出。新鲜海胆黄应该呈现明亮的芥末黄色，湿润但不会滴水。不要购买带有强烈氨味的海胆黄。

• 鱼子经常装在密封罐或罐头里出售，因此保质期很长，是制作寿司的易储藏食材。

螃蟹

无论当地售卖的是什么品种的螃蟹，寿司店里都只提供熟的螃蟹（被称作"Kani"）。"加州卷"原本是为美国人创造的，使用了煮熟的蟹肉、牛油果和蛋黄酱，做成了跟卷寿司内外相反的寿司。如果你觉得买一只活螃蟹再整只煮熟很可怕，那就买已经煮好的，或者直接买已经处理好的蟹肉回来制作寿司。

煮熟的螃蟹

从煮熟的螃蟹身上取下蟹肉需要花点儿功夫（p.108～p.111）。只取白色蟹肉用于制作寿司。

白色、带有一点点珊瑚色的蟹肉

最佳食用季节

螃蟹在世界各地都可以全年食用，但是本地螃蟹通常都是最好的，保持了新鲜度和最好的味道。不同的螃蟹有不同的产卵季节，所以有些螃蟹的最佳食用季节在夏季，有些则在冬季。冷冻的白色蟹肉也可以用于制作寿司，但是注意不要用"蟹肉棒"，因为它们都是用便宜的加工过的鱼肉制作而成的，并非蟹肉。

可持续发展建议

确保购买的螃蟹在它的最小捕捞标准以上，更小的螃蟹还未成熟。也要避免打捞产卵期的母蟹。罐子捕捞或设置陷阱是最有利于可持续发展的捕捞方法，因为减少了对栖息地的破坏和副渔获物。

公蟹的蟹钳里有更
多甜美的白色蟹肉

公蟹蟹身的肉没
有母蟹的甜。蟹
的腹部位于身体
下方，公蟹的腹
部比母蟹的小

处理螃蟹

用于制作寿司

在家里烹饪一只活螃蟹并不适合胆小的人。如果不能熟练和人道地操作，会给动物造成不必要的痛苦，结果也会令人失望。由于这些原因，建议购买已经煮熟的螃蟹或已经处理好的蟹肉。只有白色的蟹肉才能用来制作寿司，不要选用味道更强烈的棕色蟹肉。

准备时间 15~20分钟

工具

刀 | 专门的蟹钳夹或者坚果钳 | 蟹肉叉或者平的金属扦

方法

1 把煮熟的螃蟹背部朝下放在砧板上，把蟹钳和蟹腿从身体上扭断。

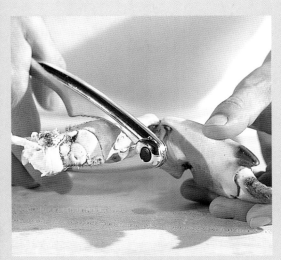

2 用蟹钳夹或者坚果钳把大的蟹钳夹开。所有蟹腿里面都有肉，当然最小的蟹腿里的肉不值得费力取出。

3 用蟹肉叉或者金属扦把蟹钳里的肉取出。

4 用大些的锋利的刀根部，用力把螃蟹尾端跟身体相连的部位切断。

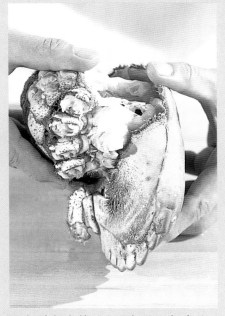

5 把螃蟹身体的主要部分跟蟹壳分开。

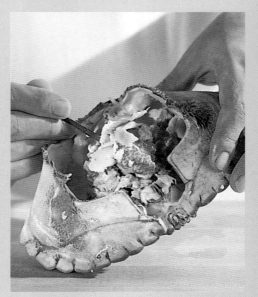

6 蟹身的肉基本是白色的，留在蟹壳里的则是棕色的肉。

7 棕色的肉和红色的蟹黄如果需要的话，很容易就可以从蟹壳内取出。一定要扔掉胃和白色的心，它们就在蟹嘴的后面。

8 从身体中心长向两侧的灰色的鳃（或称"死人的手指"）要去除。

9 把脐部从螃蟹的主体上拉开。

10 用厚重的刀，把身体对半切开。

11 用蟹肉叉或者金属扦清除多余的蟹黄和棕色的蟹肉。

12 仔细地把白色的蟹肉从螃蟹身体里挑出来，把所有小块的膜或者壳挑出去。

13 如果需要的话，把身体切成四部分，会更容易顾全边角，挑出所有的蟹肉。

龙虾

身为虾族之王，龙虾因其坚硬的盔甲和紧实、多汁的肉而备受推崇，当然价格不菲。主要有两种类型的龙虾在售卖，一种是螯龙虾，有两只大虾钳，另一种是没有大虾钳的龙虾（日本最著名的是伊势龙虾）。后者是日本庆祝宴会上的基本食物。这两种龙虾长度都在30~100厘米不等，重量可达4千克。最好购买小到中等大小的龙虾，因为大的龙虾肉质发干，不那么多汁，失去了风味。大龙虾通常也是雌虾，因此应留其产卵以保证野生龙虾的数量。

把龙虾翻过来，检查尾巴里的肉是否饱满

肌肉发达的尾巴里藏着适合制作寿司的最致密、最甜美的肉

煮熟的龙虾

龙虾的颜色很多，但是正确煮熟后都变成了深酒红色。

大部分虾肉都在尾部

选择藤壶最少的龙虾

虾钳应沉重、坚硬

最佳食用季节

北美东海岸是螯龙虾的主要产地，旺季在6月到10月。在欧洲，螯龙虾一年四季都有，不过最好的季节在10月到翌年6月。澳大利亚是龙虾的主要产地，每年的11月中旬到翌年5月是旺季。北美西海岸也是龙虾的产地。

可持续发展建议

螯龙虾生长缓慢，美国和欧洲的龙虾数量都在减少。美国螯龙虾也与濒危物种的副渔获物有关。只从认证渔场购买螯龙虾，或者从美国西海岸或澳大利亚进口龙虾。

处理龙虾

用于制作寿司

烹饪活的龙虾，就像烹饪活的螃蟹一样，最好留给那些能够人性化和高效地操作这一过程的专家。建议购买已经煮熟的龙虾，从大多数鱼商那里都可以买到。下面演示如何从煮熟的龙虾中取出虾肉，只有白色的肉才能用来制作寿司。

准备时间 10~15分钟

工具

厚重的刀或者坚果钳 | 蟹肉叉或平的金属扦

方法

1 大部分肉都在肌肉发达的尾部。有大虾钳的龙虾，虾钳里也有肉。

2 用刀的根部或者坚果钳把虾钳打开，用蟹肉叉或者平的金属扦把白色的虾肉挑出来。

4 用锋利、厚重的刀，把覆盖在腹部的半透明的外壳从两侧跟上面外壳连接的地方切开。

3 用两只手抓住龙虾，将其头部与身体从连接处分开。

5 把盖在肉上面的半透明的外壳拿下来，丢弃不要。

6 把白色的肉拉出来：应该从壳里取出来一整块。

对虾

对虾有很多品种和大小，如有大的温水虾和小而甜的冷水虾。对虾又分成咸水虾和淡水虾。在寿司中，它们都被称为"ebi"。对虾通常煮熟后食用，味道鲜美，肉质紧实。生的冷水虾被认为是寿司鉴赏师的美味佳肴。近乎透明的虾肉呈现出宝石般的光泽，味道甜美，兼具柔嫩的口感。人们对对虾的需求超过了野生对虾的供给，所以即使是日本的寿司店也会进口冷冻对虾。很多对虾是人工养殖的。

地中海对虾即使是生的，也呈红色

地中海对虾

地中海对虾

煮熟的虾，例如这些地中海对虾，购买时可能已经去壳，当然也有未去壳的整只虾。

完整的触须和眼睛说明对虾可能更新鲜

煮熟后，虾肉颜色变成粉白相间

最佳食用季节

一般来说,生长于温暖水域的对虾比在寒冷水域中的对虾体形更大。大多数温水虾是人工养殖的,全年都可以供应到世界各地。从4月到12月是澳大利亚野生温水虾的最好季节。冷水虾可以在北大西洋、北太平洋和北冰洋捕获,尤其在冬季。对虾通常以熟虾出售。生虾最好在专门的商店里购买预先处理好的。

可持续发展建议

如果人工养殖的温水虾得到了有机认证或者具有环境标准很高的来源证明,这也是个不错的选择。对于冷水虾来说,最具有可持续发展性的捕获方式是使用分类网格,以减少副渔获物。最好选择得到认证的渔场。

虎虾的身上有标志性的深色条纹

虾头几乎占了身体长度的一半

肉质紧实的尾部几乎包含了全部可食用的肉

虎虾

所有对虾都有非常长的触须

对虾是十足动物,有10条腿

尾部的外壳可以留下来用作装饰,虾肉可以用来制作握寿司或者球形寿司

处理对虾

用于制作寿司

宽沟对虾和虎虾肉质紧实甜美，在各种寿司中都很受欢迎。在烹饪前，在虾的腹部插入一根竹签，防止卷曲。小心不要把它们煮得太熟，因为这样可以使其肉质保持弹性。

准备时间 10分钟

工具

刀 | 竹签

方法

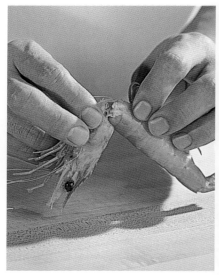

1 将每只对虾腹部朝上，在虾壳下面插入竹签，穿透虾头和身体相连的部位。当心不要刺入虾肉。放入大锅，加水，煮沸，煮至虾肉颜色变成白粉相间，需要2~3分钟。沥干水，放在一边冷却。

2 从虾身上取下竹签。小心但是果断地把头从身体上分离，丢弃不用。

3 虾腿向上，用手指把虾腿去除，剥去虾壳。保持虾尾完整。

4 用一把锋利的刀，从对虾的下端切开，沿着身体纵向一直切到黑色虾线处。

5 用刀或者竹签把虾线剔除。需要用湿布把虾线擦干净。现在手中的已经是对半展开的虾肉了。

6 修剪和整理虾的尾部。虾尾看起来给人一种优雅的感觉，但某些寿司并不需要，例如握寿司，要小心翼翼地剥掉尾壳。

鱿鱼和章鱼

日语中的ika指的就是各种不同种类的鱿鱼，但是真乌贼（maika）和长枪乌贼（yari ika）是寿司中最常见的两种鱿鱼。一定要尽可能买新鲜的鱿鱼，如果买了很多，可以冷冻起来，以备在家做寿司时取用。章鱼以鱼类和虾贝类为食，如螃蟹、龙虾、扇贝……如此美味的饮食，令章鱼富含蛋白质和极美的味道，且肉质紧实，用作寿司的浇头最好不过了。大章鱼的触须粗壮，切片后适合做成握寿司。

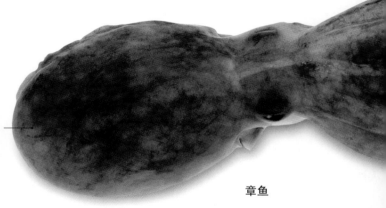

新鲜的章鱼有光泽，肉质紧实，有海洋的味道而不是异常的腥味

章鱼

熟章鱼

不管是寿司还是生鱼片，都要把章鱼煮熟才能食用。

煮熟后呈深紫红色

鱿鱼

鱿鱼几乎都用来生食，肉有光泽、呈珍珠白色，质地偏黏偏硬，甚至可以说坚韧

身体和触须被用来制作各种寿司

只有章鱼的触须才能用作寿司的浇头

最佳食用季节

鱿鱼和章鱼一年四季都可以食用。但在欧洲，秋季和冬季的鱿鱼是最好的，在北美则春季是最好的季节。在北半球，冬季和春季是食用章鱼最好的季节。购买鱿鱼和章鱼时，挑选触须完好无损且皮肤基本完整的，这些都是处理得当的标志。记住，品质优良的冷冻鱿鱼或章鱼比劣质的新鲜食品要好得多。

可持续发展建议

鱿鱼和章鱼的再生能力都很强，但是请查看最新指南，某些品种的数量在急剧减少。捕捞方法对副渔获物和栖息地的破坏令人担忧。不要选择在印度洋-太平洋地区捕捞的渔业公司，特别是使用拖网捕捞的那些公司。

处理鱿鱼

用于制作寿司

鱿鱼是一种很受欢迎的寿司配料，清洗也尤为简单。选择最新鲜的鱿鱼：看上去光滑，眼睛黑亮。使用下面的方法处理后，鱿鱼就可以用来制作散寿司（p.136~p.159）或者握寿司（p.222~p.239）了。制作鱿鱼稻荷寿司（p.165~p.167）需要保持鱿鱼的身体和触须完整。

准备时间 10分钟

工具

刀 | 干净的饭巾或者茶巾

方法

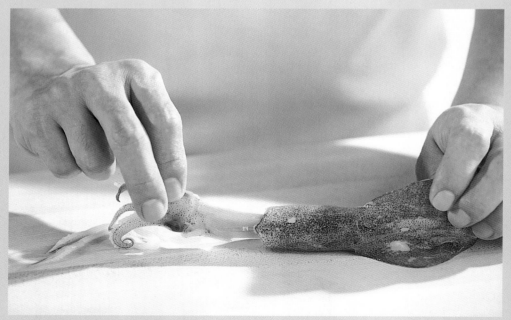

1 将头部和触须从它的身体中拉出。将触须切掉，需要的话就保留，但头和内脏要丢掉。

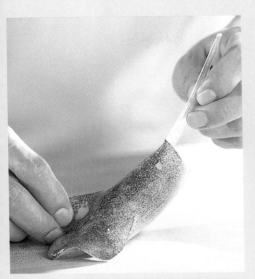

2 将半透明的羽毛状软骨从身体中抽出，丢弃。

3 如果要在鱿鱼身体里填馅儿，需要保持身体完整，直接进行下一个步骤。否则，将锋利的刀刃插入身体，小心切开一侧。

4 把鱿鱼身体摊开放平，鱼皮一侧朝上（或将完整的身体）放在干净的平面或者砧板上。抓住两个三角形的鳍向上拉，丢掉鳍和皮。

5 用一块干净的湿布擦去一边的黏膜和另一边没有清除干净的皮。如果需要完整的鱿鱼，把里面翻出来，用饭巾擦干净。

处理章鱼

用于制作寿司

虽然整个章鱼都可以生吃，但通常只有煮熟的触须才能用来做寿司。煮过以后肉变软，有鲜甜的口感，但尽可能低温加热，因为快速沸腾会令肉变硬。新鲜的章鱼在烹制之前需要用棉布蘸盐擦拭。清洗吸盘和触须的所有末端，因为可能含有泥沙。

准备时间 45分钟

材料和工具

200克盐，或者足够清洁触须的盐 ｜ 日式竹筛或者滤盆 ｜ 刀

方法

1 用一把锋利的刀，先把眼睛下面的触须切掉。

2 把触须放在碗里或者砧板上，撒上盐。用盐揉搓触须，使之软化并达到清洁的目的。

3 用一个大平底锅把盐水煮开，加入触须。待再次烧开，转小火，慢慢煮10分钟。

4 用日式竹筛或者滤盆把触须沥干，放置待凉。章鱼皮应该转成深粉色或红色，触须略微卷曲，露出白色的吸盘。

5 从中心位置，即章鱼的嘴部把触须切下来。嘴部应丢弃不用。

6 刀刃与砧板成45°角，斜向把触须切成3~4毫米厚的片。

牡蛎和扇贝

自史前时代始，人类就已经开始捕获并食用牡蛎和扇贝等贝类了。全世界已经发现了很多品种的贝类。牡蛎带有略咸的味道，通常用在军舰寿司（p.233~p.235）上做浇头。扇贝肉更为精致柔软，用于制作简易握寿司（p.225~p.231）和生鱼片。扇贝里面明橙色的"子"不能食用。

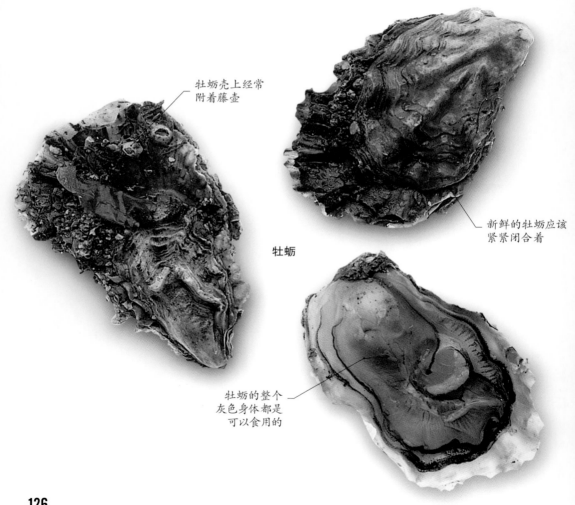

牡蛎壳上经常附着藤壶

新鲜的牡蛎应该紧紧闭合着

牡蛎

牡蛎的整个灰色身体都是可以食用的

新鲜的贝类当被
触碰时都会紧紧
闭上贝壳

扇贝

扇贝只有白色的
大块肉可用于制
作寿司

最佳食用季节

在全球大部分地区，一年四季都可以食用养殖的牡
蛎，但最好避开它们的繁殖季节——无论北半球还
是南半球都是在夏季。太平洋牡蛎通常是养殖的品
种。野生和养殖的扇贝无论在哪里都可以买到，但
是冬季的更美味。

可持续发展建议

养殖的牡蛎和扇贝是利于生态发
展的更好的选择，因为贝类的养
殖对环境造成的影响很小。野生
的牡蛎和扇贝的数量在某些地区
比较稀少，因此购买前应查看当
地指南。

处理牡蛎和扇贝

用于制作寿司

由于它们柔软、多汁的特点，牡蛎常常被用在军舰寿司(p.233~p.235)上。薄切的生扇贝有一种微妙的甜味，可用来制作握寿司(p.222~239)和散寿司（p.136~p.159）的浇头。将外壳有裂缝、破损的牡蛎和扇贝丢弃不用。

准备时间 每个牡蛎或者扇贝需要大约1分钟

工具

牡蛎刀或者薄且锋利的刀 ｜ 茶巾

剥除牡蛎壳

1 把牡蛎放在稳固的平面上。在尖锐的外壳上放一条茶巾来保护手不受伤。把刀放在贝壳连接处，即最窄的地方。转动刀刃，让贝壳分开。把刀刃插入牡蛎里面，刀刃抵住上面的贝壳，从一边平刮到另一边，把牡蛎肉切下来。这时候可以很容易地取下上面的贝壳了。

2 把连在另一面贝壳上的牡蛎肉剔下来。立刻食用。

去除扇贝壳

1 将刀滑进壳内，切掉附着在上、下壳上的肉。把刀水平抵在上面的贝壳上，从一边切到另一边。

2 注意切割扇贝肉的位置，将刀插入同一位置的下面，把附着在下壳上的扇贝肉切断。

3 撕掉褶状的边缘和明橙色的"子"，只有圆形的白色扇贝肉才用来制作寿司。

4 用冷水冲洗扇贝肉，从上面开始，切成3~4毫米厚的片。立即食用。

鱼子、鱼子酱和海胆

由于鱼子、鱼子酱和海胆的质地湿滑难以造型，通常用于军舰寿司上，由一条海苔包裹起来供大家食用。一些较小的鱼子，如飞鱼子（tobiko），用在里卷的最外面来增加色彩。鱼子和鱼子酱被公认为美味佳肴，通常价格不菲。例如鲱鱼子（kazunoko），曾经在日本沿海产量丰富，过去被用作肥料，现在早已身价倍增，因而得名"黄色钻石"。

这种小小的鱼子其实是经过染色而变黑的，这并不是严格意义上的鱼子酱。它相对便宜，味道也差一点

闪光鲟的鱼子小，灰色，略有咸味，比其他种类的鱼子味道好

寿司行家最喜欢的就是海胆寿司了，新鲜的海胆有一点微妙的坚果味儿。不要购买冷冻的海胆，味道不那么好

圆鳍鱼鱼子酱

闪光鲟鱼子酱

海胆

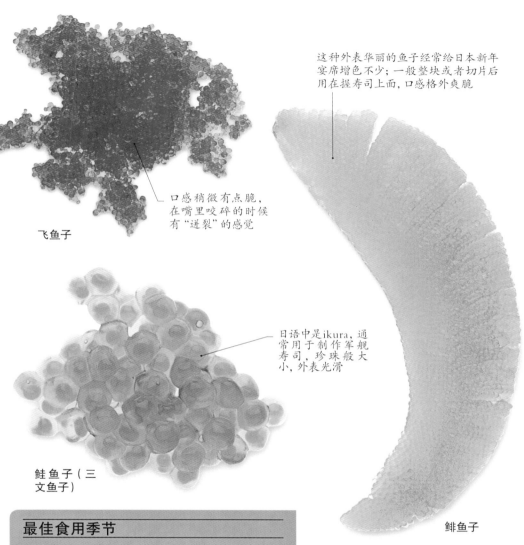

这种外表华丽的鱼子经常给日本新年宴席增色不少；一般整块或者切片后用在握寿司上面，口感格外爽脆

口感稍微有点脆，在嘴里咬碎的时候有"迸裂"的感觉

飞鱼子

日语中是ikura，通常用于制作军舰寿司，珍珠般大小，外表光滑

鲑鱼子（三文鱼子）

鲱鱼子

最佳食用季节

鱼子酱，如圆鳍鱼鱼子酱，用小罐或者锡罐包装后广泛销售。真正的鱼子酱非常昂贵，虽然不是传统的寿司材料，但是它丝滑的口感和丰富的风味也成为新派寿司师傅的大爱。包装一旦打开，鱼子酱就应该冷藏，而且一周内要吃完。鲑鱼子有小罐装的，用清酒浸泡1~2分钟后，就能分成一颗颗的鱼子。打开包装后也应该冷藏，一周内吃完。日本和北美是海胆的最早的来源。

可持续发展建议

因为鲟鱼是濒危的野生动物，所以要从规范的鲟鱼养殖场购买鱼子酱。从产量稳定的鲑鱼养殖场购买鲑鱼子（p.72、p.73）。海胆在某些地区被过度捕捞，所以请了解一下国家的当前指导政策。

其他海鲜

用于制作寿司

寿司搭配着各种各样的浇头和馅料，其中一些寻常可见，有些相比之下略为少见。在寿司店里你可能先看到一些鱼肉、贝类和其他海鲜，但是当你对制作寿司更有信心时，考虑使用以下材料来拓宽你的制作范围。

帝王蟹的蟹腿里面有红白相间的肉

阿拉斯加帝王蟹

这些大螃蟹可以从大多数品质优良的鱼商那里买到，但比其他品种要贵。这是因为野生蟹在秋季被捕捉的数量有限，捕捞季节很短。在阿拉斯加以外的地方捕捞帝王蟹也许不是具有可持续性的选择。蟹腿需要钳开，它里面红白相间的肉比身体中的更多、更甜。阿拉斯加帝王蟹非常适合作为握寿司的浇头，也常常用一条海苔系上去固定。如果可能的话，购买新鲜的蟹肉，但也可以使用冷冻的。

小龙虾

小龙虾生活在淡水中，看起来像小一号的龙虾（lobster），但味道更甜。只有尾部的肉才用来制作寿司。通常小龙虾肉都已经过处理。大部分小龙虾都是人工养殖的，最大的生产国是美国和中国。在美国养殖的美国小龙虾是一个具有可持续性的选择。然而，美国小龙虾被引入其他国家，比如英国，已经造成了大面积的生态破坏。在这种情况下，选择当地捕获的美国小龙虾有助于控制它的数量。

普通蛤蜊

小的普通蛤蜊一般不用在寿司上，但常被添加到汤里(p.54)。为了清理蛤蜊中的沙砾，把它们放在一个大碗里，里面放上1汤匙盐、1把玉米粉，用足够的水来没住它们。冷藏2小时，在使用前冲洗。养殖的蛤蜊是具有可持续性的选择。

新鲜的普通蛤蜊

加工好的北极贝

大西洋蛤蜊

这种大蛤蜊在英语国家一般叫作"北极贝"，在日本也被称为姥贝（uba gai，日本本土的一种蛤蜊，一般称作北寄贝），但在寿司中常被称为北寄贝（hokki gai）。北寄贝生活在日本北部的寒冷水域，北极贝生活于北大西洋中，可以生吃也可以煮熟食用。对握寿司来说它们是非常美味的配料。大西洋蛤蜊渔业在北美受到捕捞配额的管制。

黄尾鲕

"Yellowtail"是日本黄尾鲕的英文名。它的肉呈浅金色，脂肪含量低。"Hamachi"一般指体长30~40厘米的鲕鱼幼鱼，因为此时鱼肉味道丰富、口感滑嫩、有黄油般的质地并略带烟熏味，甚是美味，建议此时充分享用。在寿司店里，鱼鳃后面、胸鳍四周的肉被认为是最好的，通常都会为特殊的客人保留。黄尾鲕在日本常用于握寿司；跟金枪鱼相比，有些寿司鉴赏家更喜欢黄尾鲕。最好选择使用延绳钓捕获的，或者那些在封闭的水箱里养殖的鱼。

龙利鱼

在日本这种鱼的名字意思为"舌头"，这个词用来描述这种奇怪的鱼再恰当不过。它的头部小而尖，尾巴尖细，身体可以长到70厘米，鱼肉有非常鲜美的味道和紧致的质地。除了4月到6月的繁殖季节，其他季节都可捕捞。从认证渔场里选择龙利鱼，并避免选择未成年的鱼，它们一般不到30厘米。

寿司制作

散寿司

这是目前为止最容易制作的寿司类型。这种寿司在日本广为人知，不同地区或者不同季节会使用不同的材料，但是在西方国家相对较少食用。散寿司（相对于有形状的寿司而言）可能被简单形容为米饭沙拉。你可以用多种方式来诠释和即兴创作这种寿司：一碗式饭菜、优雅的开胃菜或者时尚的小点心。

尽管花样繁多，但散寿司还是很传统的食品，可以追溯到18世纪早期。有两种典型的风格：江户前散寿司，东京风格的散寿司，是在寿司饭上面艺术地摆放生鱼片，且每人单独一份；而关西散寿司（起源于大阪）则通常是配料与寿司饭一起烹制和混合好的。

虽然制作散寿司很容易，但也有一些要点需要遵循。不要把你最喜欢的材料大量堆砌在寿司饭上，要保持简单。不要过度搅拌，否则米饭和配料会变成一锅粥。另一个需要记住的重点是如何展示：选择漂亮的碗或者盘子，再填进去你的创意。

江户前散寿司

最初，这种寿司可能是一顿简单的饭菜 ——一碗米饭，上面放几片生鱼片，再放上任何便宜、新鲜的当日蔬菜。它在江户，即现在的东京很受欢迎。对于海鲜的使用，没有严格的规定，只要搭配好颜色和口感就好。与许多其他散寿司不同，最好每人单独一碗食用。你可以随意安排材料，但要注意结合形状和颜色搭配。要想迅速组合，需要事先准备好材料。

制作 4人份　|　**准备时间** 1小时，再加上寿司饭和其他材料的准备时间

材料

1份寿司饭(p.38~p.41)

1份醋腌鲭鱼片(p.100、p.101)，约120克，切成8片

1份玉子烧(p.44~p.46)，切成8条，1厘米厚

4汤匙切丝的白萝卜或黄瓜(p.49)

1条小黄瓜，切成松枝装饰(p.50)

4片山葵泥叶子(p.51)

1条中等大小的鱿鱼的鱼身，约90克，清洗干净(p.122、p.123)，切成4条

4只处理好的虎虾(p.118、p.119)

用120克去皮白肉鱼片制作的4朵白玫瑰（p.244）

1块去皮金枪鱼肉，约150克，像制作生鱼片一样切成12片（p.97）

1块去皮鲑鱼肉，约150克，像制作生鱼片一样切成8片（p.97）

4个扇贝，对半切开

4片紫苏叶或适量芥菜苗，用于装饰

4茶匙鲑鱼子

方法

1 准备要组合的材料。首先制作寿司饭，然后准备鲭鱼，因为它需要时间腌渍。在米饭冷却的过程中，准备玉子烧，然后准备白萝卜（或黄瓜）丝、松枝装饰，以及山葵泥叶子，最后处理生鱼和贝类，以保持新鲜。

2 每个碗里盛入2/3容量的寿司饭。在每个碗边放一小团松散的白萝卜丝或黄瓜丝，放1片紫苏叶或者1撮芥菜苗斜靠着它。

3 在紫苏叶的前面摆放3片金枪鱼片和2条玉子烧。

4 把鱿鱼条卷起来，放在玉子烧的前面。在金枪鱼的旁边放2片鲑鱼片。

颜色与质地的
完美搭配
创造出漂亮的
散寿司

5 在虾的背部切一下，让它能够对折，摆入碗中。

6 再摆入2片带有银色鱼皮的鲭鱼肉。如图所示，2片扇贝肉和1朵白玫瑰摆在碗中。

7 放好山葵泥叶子，加1茶匙鲑鱼子，最后放上松枝装饰。

香辣烤金枪鱼和牛油果碗寿司

这份散寿司自由轻松的搭配非常吸引人，用香辣金枪鱼和大量蔬菜沙拉搭配而成，像江户前散寿司那样摆放。

制作 4人份　|　**准备时间** 40分钟，再加上寿司饭和其他材料的准备时间

材料

4块金枪鱼肉，每块重约100克

2汤匙芝麻油

1~2茶匙盐

1~2茶匙辣椒粉

2汤匙焙白芝麻，另外再加2茶匙用于装饰

1份寿司饭(p.38~p.41)

2个牛油果，对切后去核去皮

1根大胡萝卜，去皮

1/2根黄瓜

4根葱，只留葱白，纵向切细丝

6个圣女果，对半切开

2汤匙配制好的寿司醋(p.38)

2茶匙酱油

方法

1 高温预热一个厚底煎锅。用刷子蘸取芝麻油刷到金枪鱼肉上，然后刷上盐和辣椒粉，在每块鱼肉上裹1/2汤匙的焙白芝麻。

2 煎锅热到快冒烟的时候，放入金枪鱼肉，两面各煎1分钟(金枪鱼肉的中间还是生的)。从锅中取出金枪鱼肉，在切片前放置5分钟。

3 与此同时，将寿司饭分成4份分别放入碗里。每半个牛油果切成2~3毫米厚的片，然后放在手掌里轻轻地扭成整齐的扇面状，放在米饭上。用削皮刀把胡萝卜和黄瓜刨成丝带状，每份重20克，然后摆放在碗里。

4 把金枪鱼肉切成片，5~8毫米厚，摆放在碗里。在每个碗里加入切成细丝的葱白和3个切半的圣女果。在上面滴一些寿司醋和酱油，最后撒上焙白芝麻。

素散寿司

这是最简单的寿司种类之一。在日本，它是用冰箱里能够找到的任何蔬菜制作而成的。你可以把芦笋加进来，我甚至还吃过几粒冷冻豌豆。它是理想的午餐，适合野餐，甚至可以作为派对开胃菜。提前准备干香菇、干葫芦条和豆腐泡来节省时间。

制作 4人份　|　**准备时间** 40分钟，再加上寿司饭和其他材料的准备时间

材料

30克荷兰豆

1份寿司饭(p.38~p.41)

4个大的已调味的干香菇(p.32)，切成薄片

30克预先处理好的干葫芦条(p.31)，切成2厘米长的段

2个已调味的油炸豆腐泡(p.162)，不用分开，切成薄片

60克莲藕，切成薄片

1根胡萝卜，切成花(p.48)

3~4份日式薄蛋皮(p.43)

2片海苔，切成细丝

方法

1 把荷兰豆蒸或焯水4~5分钟，直到变软。留几片完整的荷兰豆用作装饰，其余的切碎。

2 把米饭平铺在盘子的底部，或者平分到4个碗里。尽可能让米饭松散。

3 将香菇片、葫芦条和豆腐泡薄片撒在米饭上。

4 把几片莲藕和一些胡萝卜花留在一边作为步骤5中的装饰。加入剩下的莲藕片、胡萝卜花和切碎的荷兰豆。

5 把薄蛋皮切成细丝撒在米饭上。用预先留出来的莲藕片、胡萝卜花和完整的荷兰豆装饰。

6 撒一些海苔丝即可食用。直到快食用前再加，以免变软。

芦笋和炒蛋寿司

我喜欢在春天芦笋最鲜嫩的时候吃这款寿司，不过任何时候只要你想都可以做，而且使用任何当令的绿色蔬菜都适宜。

制作 4人份　　|　　**准备时间** 40分钟，再加上寿司饭和其他材料的准备时间

材料

500克芦笋，择干净
1份寿司饭(p.38~p.41)
1份炒蛋(p.42)

方法

1 将芦笋蒸2~3分钟。芦笋尖留作装饰，芦笋茎切成豌豆大小的粒。

2 在一个大碗里把寿司饭和切碎的芦笋混合均匀。然后把混合好的饭散开放进大盘里，或者分成4份分别装入碗里。

3 把炒蛋散放在米饭上面，用芦笋尖装饰一下。

荷兰豆和藤番茄寿司

这是一份极好的夏季轻食午餐。口感略微清脆的荷兰豆和鲜甜多汁的藤番茄的组合，颇能振奋精神。

制作 4人份　　|　　**准备时间** 40分钟，再加上寿司饭和其他材料的准备时间

材料

150克荷兰豆
1份寿司饭(p.38~ p.41)
150克藤番茄，去籽切碎
1汤匙焙白芝麻

方法

1 开水焯一下荷兰豆，立刻浸入冷水中冷却。保留几片完整的荷兰豆用于装饰，其他的切成细条。

2 在大碗里把荷兰豆细条、藤番茄和寿司饭混合均匀。把混合好的饭散开放进大盘里，或者分成4份分别装入碗里。

3 在上面撒焙白芝麻，并用预留的荷兰豆装饰。

后面：芦笋和炒蛋寿司　前面：荷兰豆和藤番茄寿司

西兰花和黄金丝寿司

只需要简单地蒸一下西兰花，就可以保持它嫩绿的色泽和脆生生的口感。腌姜给这款寿司带来新鲜、令人振奋的味道。

制作 4人份　|　**准备时间** 40分钟，再加上寿司饭和其他材料的准备时间

材料

500克西兰花，去除茎部坚硬的部分

4份日式薄蛋皮（p.43）

1份寿司饭（p.38~p.41）

4汤匙切碎的红色或粉红色的腌姜

2汤匙焙白芝麻

方法

1 把西兰花切成小块，蒸2分钟，然后放到一边冷却。

2 把薄蛋皮重叠放在一起，卷紧。按照相同角度切细丝。在一个碗里混合寿司饭、西兰花和蛋皮丝。

3 把混合好的饭散开放进大盘里，或者分成4份分别装入碗里。在饭上面撒一点点腌姜。在食用前撒一点焙白芝麻。

蘑菇和鸡蛋寿司

蘑菇和鸡蛋在这道寿司中完美互补。也可使用新鲜的金针菇、香菇或平菇。

制作 4人份　|　**准备时间** 40分钟，再加上寿司饭和其他材料的准备时间

材料

2汤匙植物油

500克蘑菇，切成1厘米宽的条

1汤匙酱油

1份寿司饭（p.38~p.41）

2汤匙焙白芝麻

4份日式薄蛋皮（p.43）

适量海苔丝，用作装饰

方法

1 在大煎锅中把油用中火加热，翻炒蘑菇2分钟。关火，加入酱油，略微搅拌。用筛子把锅里多余的汁液滤出，放在一边。

2 在一个大碗里混合寿司饭、蘑菇和焙白芝麻。

3 把混合好的饭散开放进大盘里，或者分成4份分别装入碗里。把薄蛋皮切成细丝，撒在饭上面。在食用前撒上海苔丝。

后面：西兰花和黄金丝寿司　前面：蘑菇和鸡蛋寿司

日晒番茄干和奶酪寿司

这道快速简单的饭食带有迥然不同的意大利风味，反映出寿司传播到世界各地后得到的热烈欢迎和创新发展，迎合了当地的口味。

制作 4人份 | **准备时间** 30分钟，再加上寿司饭和其他材料的准备时间

材料

1份寿司饭(p.38~p.41)

100克日晒番茄干，清洗沥干，切片

175克新鲜马苏里拉奶酪，清洗沥干，切正方体的小块

一大把新鲜罗勒叶，用于装饰

方法

1 把寿司饭、番茄干和马苏里拉奶酪放在一个大碗里混合均匀。如果米饭太凉而发硬，徐徐加入1汤匙日本寿司醋让米饭松散。

2 把混合好的饭装进大盘里，或者分成4份分别装入碗里。用完整、新鲜的罗勒叶装饰。

蟹肉、辣椒和青柠寿司

这款复合口味的寿司融合了新鲜螃蟹和辣椒的味道，这两种食物都是我最喜欢的。根据口味调整辣椒的用量，再加入一点青柠汁，帮助几种味道融合。你可能会发现，冷冻的白色蟹肉更经济实惠。

制作 4人份 | **准备时间** 40分钟，再加上寿司饭和其他材料的准备时间

材料

1份寿司饭(p.38~p.41)

175克白色蟹肉

2~4个大红辣椒，去籽、切碎

4片海苔

1个青柠留几片用于装饰，其余榨汁

新鲜的香菜叶，用于装饰

方法

1 把寿司饭、蟹肉和切碎的辣椒放在一个大碗里混合均匀。

2 把每片海苔都剪成适合盘子大小的正方形，分别摆在4个盘子上面。

3 把混合好的饭分成4份分别盛入盘子里，放在海苔上面。在米饭上放一点青柠汁，用新鲜的香菜叶和青柠片装饰一下。

后面：日晒番茄干和奶酪寿司　前面：蟹肉、辣椒和青柠寿司

金枪鱼和小葱碗寿司

这款料理在日本又被称为"tekkadon（金枪鱼盖饭）"，其中，金枪鱼用以酱油为基础的混合酱汁调味。这是一种非常受欢迎的单碗午餐，做起来又快又简单。

制作 4人份 | **准备时间** 30分钟，再加上寿司饭和其他材料的准备时间

材料

2汤匙清酒

2汤匙味醂

2茶匙山葵泥

4汤匙酱油

400克金枪鱼肉，切成1厘米厚的适口小块

1份寿司饭(p.38~p.41)

2根小葱，斜切成片

4汤匙海苔丝，用于装饰

方法

1 把清酒、味醂、山葵泥和酱油在一个中等大小的碗里混合成酱汁。把金枪鱼肉放入酱汁中并翻面，让每一面都很好地入味。放置一旁，腌10~15分钟。

2 把寿司饭分别盛入4个碗里。金枪鱼肉分成4等份，分别放在米饭上，然后把剩下的酱汁浇到上面。撒上葱片，最后在食用前在金枪鱼肉上撒海苔丝。

熟鲑鱼和鱼子碗寿司

用来自北海道的著名特产制作的这款寿司，并没有使用该地区的腌鲑鱼，而是用了熟鲑鱼替代。

制作 4人份 | **准备时间** 20分钟，再加上寿司饭和其他材料的准备时间

材料

1份寿司饭(p.38~p.41)

4汤匙切碎的醋渍黄瓜

4汤匙焙白芝麻，再多备一点用于装饰

200克熟鲑鱼片

4汤匙鲑鱼子

4茶匙清酒

2汤匙海苔丝，用于装饰

方法

1 把大号混合碗的里面用准备好的寿司醋（p.38）擦湿，以防寿司饭粘在上面。把寿司饭、醋渍黄瓜、焙白芝麻和鲑鱼片放在碗里混合均匀，然后分成4份，分别放入碗中。

2 在一个小杯子里装入清酒，把鲑鱼子放里面，这样鱼子就不会那么黏了。在每碗饭的上面放1汤匙鱼子，并把适量海苔丝放在中间做装饰。

上面：金枪鱼和小葱碗寿司　下面：熟鲑鱼和鱼子碗寿司

烤牛柳和红洋葱寿司

制作这道寿司时，使用日本传统的烹饪鲣鱼的方法来烧制牛肉，但换成金枪鱼肉也一样美味。这种牛肉的处理方法只是将其外表简单地烤出了焦香的味道，里面还是生的。将烤过的牛肉立即浸入冰水中，停止烹饪过程，同时也洗掉了多余的脂肪。如果想节约时间，可以预先把前5个步骤做完。这道寿司香味浓郁，应该与醇厚的红酒一起享用。

制作 4人份　|　**准备时间** 1小时15分钟，再加上寿司饭和其他材料的准备时间

材料

1个中等大小的红洋葱，去皮，对半切开

500克牛肉

盐和现磨的黑胡椒粉

1汤匙植物油

100毫升清酒

100毫升酱油

1份寿司饭(p.38~p.41)

2根小葱，切丝，用作装饰

辣萝卜(p.34)

方法

1 把红洋葱切成细丝，放在冷水中浸泡一会儿。用厨房纸把牛肉拍干。在牛肉上抹盐和黑胡椒粉，然后放置30分钟让其入味。

2 用大的厚底煎锅将油加热，把牛肉的两面各煎大约2分钟，直到呈棕色。

3 牛肉表面呈现漂亮的棕色后，里面还是生的。如果不喜欢吃生的，可以再多煎一会儿。

4 把牛肉放入有冰水的碗里，保持10分钟。在浅口碗里混合清酒和酱油，制作酱汁。

5 用厨房纸把牛肉拍干，放到酱汁里。放在一边入味10~15分钟。

6 从酱汁中取出牛肉，用厨房纸拍干。切成5毫米厚的片，或者尽可能薄。

7 把寿司饭盛入碗中至2/3满，在上面放好牛肉片。每碗的牛肉片上洒1汤匙酱汁。

8 把红洋葱丝沥干，撒在米饭上用于装饰。再撒一点小葱丝，并佐以辣萝卜一起食用。

西兰花和鸡蛋寿司小菜

散寿司花样繁多，摆在餐桌上的形式也各种各样。这里用了菊苣，也叫比利时菊苣，作为盛放散寿司的器皿。

制作 25~30份 | **准备时间** 40分钟，再加上寿司饭和其他材料的准备时间

材料

200克嫩西兰花

1/2份寿司饭(p.38~ p.41)

1份日式炒蛋 (p.42)

1汤匙焙白芝麻

1汤匙焙黑芝麻

6棵菊苣，取外层的25~30片叶子

方法

1 把西兰花切成小朵，在盐水中焯1分钟。把西兰花沥干，然后浸入冰水中以保持鲜绿色。再次沥干，用厨房纸轻轻拍干，放在一边待用。

2 把专用混合碗的内壁用预先准备好的寿司醋(p.38)擦湿，防止寿司饭粘在上面。加入寿司饭、西兰花、日式炒蛋和焙黑、白芝麻，搅拌均匀。把混合好的饭用汤匙整理成适口的大小和形状，把它放在菊苣的叶子上。

石榴和对虾寿司小菜

这里还有另一个寿司创意，就是用小生菜的叶子来制作一款美味的石榴和对虾寿司小菜，把它们组合到一起再容易不过了。

制作 30~35份 | **准备时间** 40分钟，再加上寿司饭和其他材料的准备时间

材料

1个石榴

1/2份寿司饭(p.38~ p.41)

200克煮熟的对虾，取出虾肉，大致切碎

6棵小包心生菜，取下外面的30~35片叶子

几片香菜叶，用于装饰

方法

1 把石榴放在工作台上滚动，使里面的籽粒松脱，然后用刀在中间切开，把石榴掰成两半。把石榴放在碗的上方，用木勺敲打石榴的外皮，直到所有的籽粒都掉进碗里。

2 把专用混合碗的内壁用预先准备好的寿司醋(p.38)擦湿，防止寿司饭粘在上面。加入寿司饭、石榴籽和虾肉，搅拌均匀。把混合好的饭用汤匙整理成适口的大小和形状，放在生菜叶子上。用香菜叶装饰，即可食用。

西兰花和鸡蛋寿司小菜、石榴和对虾寿司小菜从上向下间隔摆放

稻荷寿司

这类寿司使用做熟的原料当作皮，如日式薄蛋皮、卷心菜叶或炸豆腐泡，将寿司饭和其他配料当作馅儿包起来。素寿司，尤其是传统的稻荷寿司，其外皮是用经过调味的美味油炸豆腐泡做成的，带去野餐简直不能再棒了，尤其是它们很容易携带且不容易变质。

春天，日本人在家里准备好稻荷寿司，然后坐在以美丽、芬芳的花朵而闻名的樱花树下，享受着美味的小豆腐包。馅料可以是简单的普通寿司饭混一点切碎的香草，也可以放任何手边可用的调味食材。对于能用什么或不能用什么，并没有严格的规定。我个人最喜欢的，是在鱿鱼里面塞馅儿的鱿鱼稻荷寿司。因为大多数的稻荷寿司都可以提前6小时准备好，所以用它当作聚会食物是非常方便的。三明治寿司（onigirazu）是一种新型寿司，是日本午餐盒中最受欢迎的寿司。

豆腐泡稻荷寿司

豆腐泡稻荷寿司非常容易携带，尤其适合作为午餐或野餐。馅料被包裹在油炸豆腐泡里。油炸豆腐泡可以从日本商店里买到，它有一种独特的甜甜的味道。可以尝试在饭里添加其他调味料，比如切碎的紫苏叶或柠檬皮。

制作 12个 | **准备时间** 1小时，再加上寿司饭和其他材料的准备时间

材料

调味豆腐泡

6块油炸豆腐泡

1/2份日式高汤（p.47）

3汤匙糖

4~5汤匙酱油

2汤匙清酒

2汤匙味酥

馅料

1份寿司饭（p.38~p.41）

2汤匙焙芝麻

6个已调味的干香菇（p.32），
切成薄片

方法

1 制作的时候，需要把每一块油炸豆腐泡切成两半，然后打开(见下图)。将其放入平底锅中，加调味料，用小火慢煮15~20分钟。放在筛子里沥干水。

2 把寿司饭和焙芝麻、香菇片放在一个大碗里混合均匀。小心地把馅料放入每个豆腐泡里，直到填满豆腐泡的一半。用手轻轻地拍打馅料，确保不要把豆腐泡填太满。把豆腐泡的一条边折到馅料的下面，然后把另一条边折过来盖在上面。重复做12个。

怎样打开豆腐泡并给它调味

让豆腐泡容易打开
先用一根筷子在豆腐泡上来回滚动，然后把豆腐泡放在筛子上，用滚水冲洗，去除油。

给豆腐泡调味
把调味料放入锅里，用小火慢慢煮豆腐泡，直到锅里的汤汁慢慢变得很少。

鱿鱼稻荷寿司

在这份寿司里，鱿鱼先与甜醋（amazu）混合，然后再填入已调味的寿司饭和蔬菜的混合物。尝试使用不同的馅料，但鱿鱼稻荷寿司总是要切成薄片食用，用绿色的豆子、胡萝卜、黄瓜和辣椒等蔬菜能够增色。

制作 4人份　|　**准备时间** 1小时，再加上寿司饭和其他材料的准备时间

材料

甜醋

3汤匙日本米醋

1汤匙糖

1茶匙盐

鱿鱼馅料

2条中等大小、带触须的鱿鱼，约300克，清洗干净，保持身体完整(p.122、p.123)

1汤匙酱油

60克长豆角，择干净

1份寿司饭(p.38~ p.41)

5厘米新鲜生姜片，去皮、磨碎

5片紫苏叶，切碎，或2汤匙碎香菜叶

方法

1 在一个小碗里混合制作甜醋的材料。在一个无铝平底锅里放入甜醋、鱿鱼和酱油，小火加热2~3分钟。

2 把鱿鱼沥干，放到一边待用。冷却到可以处理的时候，把触须切碎。将长豆角蒸或焯2~3分钟，然后切粒，小豌豆大小。

3 把寿司饭、长豆角粒、磨碎的姜、切碎的触须和碎紫苏叶或者香菜叶在碗里搅拌均匀。

4 用汤匙把混合好的饭装入腌好的鱿鱼身体里。

5 用烹饪用的筷子或勺子把馅料轻轻地压实。在室温下放置30分钟到1小时，让味道持续散发出来。

变硬、难以混合的米饭，用一点醋即可使其恢复柔软

6 用锋利的刀蘸水，把鱿鱼稻荷寿司切成2厘米厚的片。摆入盘中，即可食用。

后面: 包状蛋皮寿司　前面: 卷状蛋皮寿司

包状蛋皮寿司

包状蛋皮寿司和卷状蛋皮寿司(p.170、p.171)都是外观优雅的开胃菜。蛋皮成为一种色彩鲜艳的包装材料，这里，每个填好馅料的寿司都用翠绿的欧芹茎(香菜茎)系起来。你需要一个直径24厘米的圆形煎锅。

制作 8个 | **准备时间** 1小时30分钟，再加上寿司饭和其他材料的准备时间

材料

1份寿司饭(p.38~p.41)

4个已调味的干香菇(p.32)，切成薄片

2汤匙焙芝麻

8份日式薄蛋皮(p.43)

平叶欧芹的茎，除去叶子，留15厘米长

适量香菜

方法

1 把寿司饭和香菇片、焙芝麻放入碗中混合在一起。将蛋皮放在干净的平面或砧板上，放2汤匙混合好的饭在蛋皮中间。

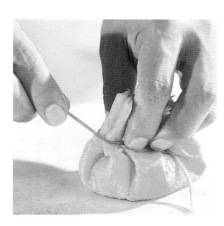

2 用刀背压平叶欧芹或香菜茎，令其变软。把蛋皮的边收拢起来，用欧芹或香菜的茎系起来。用香菜叶点缀。重复做8个。

小心不要放太多馅料，以免蛋皮胀破

卷状蛋皮寿司

"fukusa"是日本传统茶道中使用的一块小手帕，以不同的方式将其折叠是仪式表演的一部分。在这里，一片薄薄的日式蛋皮被折叠成一个包袱，里面有寿司饭、香菇和芝麻。这个寿司很受我的素食朋友的欢迎。你需要一个直径28厘米的圆形不粘煎锅来制作蛋皮。

制作 8个　|　**准备时间** 1小时20分钟，再加上寿司饭和其他材料的准备时间

材料

1份寿司饭(p.38~p.41)

8个已调味的干香菇(p.32)，切成薄片

2汤匙焙芝麻

8份日式薄蛋皮(p.43)

8根已处理好的干葫芦条(p.31)，12厘米长，或8根香菜的茎，不要叶子

方法

米饭冷却后很难混合，所以不要放冰箱里冷藏

1 把寿司饭和香菇片、焙芝麻混合在一起。把蛋皮放在干净的平面或砧板上，切成边长大约20厘米的正方形。把2汤匙饭放入蛋皮中间。

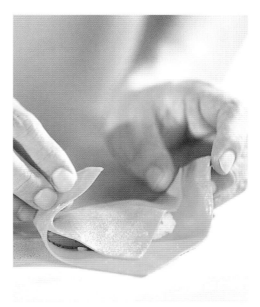

2 调整蛋皮方向，让其中一角对着你的身体。把这个角向上折叠，盖住馅料，对着顶部的角。

3 然后将两侧的角分别折向中心。

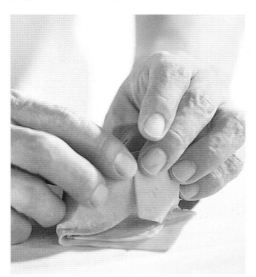

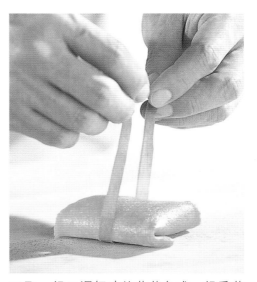

4 继续向上折，压住顶部的角，包裹严实，成为一个整洁的长方体。

5 取一根已调好味的葫芦条或一根香菜茎，用刀背压一遍，把寿司绑起来。重复做8个。

香草鸡蛋、皱叶甘蓝菜卷

皱叶甘蓝叶子具有鲜亮的绿色和皱皱的纹理，是一种有趣的包装材料。叶子简单烫一下，然后浸入冷水中，这有助于其保持色泽。一定要把叶子上多余的水轻轻拍掉，否则馅料就会潮软。制作菜卷的方法跟卷状蛋皮寿司的方法一样。

制作8个 | **准备时间** 45分钟，再加上寿司饭和其他材料的准备时间

材料

8片大的皱叶甘蓝叶子

1/2份寿司饭(p.38~ p. 41)

30克混合香草，如平叶欧芹、香菜、葱或者薄荷，切碎

1 份日式炒蛋(p.42)

2汤匙焙芝麻

8根木串或牙签

方法

1 把皱叶甘蓝叶子底部厚的部分切掉丢弃不用。把一大锅水烧开，将叶子焯水2分钟。取出并立刻浸泡在冷水中，然后取出将多余的水轻轻拍掉。

2 把寿司饭和混合香草、日式炒蛋以及焙芝麻放在一个碗里搅拌均匀。

3 把叶子放在干净的平面或者砧板上，在叶子中间放1汤匙混合好的饭。

4 把叶子相对的两边向中间折，让它们在中间重叠。然后再折叠另外两条对边，就形成了一个包裹。

5 用1根木串或者牙签固定。重复制作8个。在食用之前，一定要提醒食用者把木串或者牙签取下来。

如果外皮破裂了，减少馅料再试一次

三明治寿司

这是在传统饭团基础上的一种创新，它馅料丰富，有几层米饭，并用海苔包裹起来。三明治寿司非常适合作为午餐或者野餐，但如果不能保持生鱼片处于冷藏状态的话，可以使用煮熟或腌制过的鱼片。

制作 4个 | **准备时间** 30分钟，再加上寿司饭和其他材料的准备时间

材料

4片海苔

1份寿司饭(p.38~p.41)

1/2个红辣椒，切成细条

1/2个青辣椒，切成细条

200克去皮鲑鱼肉，切成大片生鱼片的尺寸(p.96，p.97)

1 份日式薄蛋皮(p.43)

方法

1 把一片海苔光面朝下、一角朝上摆放。在海苔中间放1/8份的寿司饭(70~80克)。用勺子的背面将它整理成一个边长8厘米的正方形，然后轻轻按平表面(见下图)。

2 在米饭上面放1/4份的辣椒条，红、青辣椒条交替摆放，然后放1/4份的鲑鱼片。把蛋皮切成1/4大小的条形，把其中一条放在鲑鱼片上。

3 把1/8份的寿司饭放在蛋皮上面，整理成跟之前一致的形状。把海苔的两个对角折向中心(见下图)，再将剩下的角折到一起。

4 用保鲜膜包上三明治寿司，放在一边待用。接着做其他3个。把刀擦湿，将三明治寿司对半切开食用。

怎样形成层次

海苔一角朝上放置，寿司饭整理成正方形，四边留出空间。

馅料按照一致的方向摆放，这样当对半切开的时候，会呈现出整洁的横截面。

在馅料的上面再放一层寿司饭，然后对角折叠，把三明治包裹严实。

米纸卷煎鸭胸寿司

这是一道创新的食物，用泰国的米纸包裹煎熟的鸭胸肉，再蘸取传统的日式红烧酱食用。红烧酱可以买现成的，但是额外花点时间来制作这道美味的酱料是值得的。作为蘸酱它可以即食，也可以放入密封容器，在冰箱里保存一周。

制作 4个　|　**准备时间** 45分钟，再加上寿司饭和其他材料的准备时间

材料

美味的红烧酱

60毫升味酥

60毫升酱油

2汤匙糖

5厘米长的新鲜姜片，去皮

5厘米长的胡萝卜，去皮

1个中等大小的洋葱，去皮，切成两半

寿司

1块鸭胸肉

4张圆形米纸

1/2份寿司饭(p.38~p.41)

1/2根黄瓜，切成细条

方法

1 把用来制作红烧酱的所有材料放在一个小平底锅里，小火加热。搅拌，直到糖溶解，然后慢慢煮到酱汁变稠、减少1/3，大约需要20分钟。与此同时，准备烹制鸭胸肉。

2 用一把锋利的刀在鸭胸肉的皮上切一些浅口，以利于油脂流出来。

3 将一个厚底平底锅用中火加热，把鸭胸肉煎5~10分钟，直至呈棕色，表皮酥脆。翻过来再煎3~5分钟。

4 把鸭胸肉从锅中取出，浸入一碗滚烫的热水中，或用沸水浇淋鸭胸肉，去掉多余的脂肪。从水里拿出来冷却至室温。

5 烤盘里加温水，铺上米纸，浸泡2~3分钟至柔软。取出米纸，放在厨房纸上吸干水。把鸭胸肉切成5毫米厚的片。

6 将米纸铺在干净的平面或砧板上，在米纸中间放1汤匙寿司饭，用勺子的背面轻轻压平。

7 加2片或3片鸭胸肉和几根黄瓜条。把米纸的底端折起盖住馅料。

8 折其他两边。

9 将剩下的一边卷起来。吃前斜切成两半，摆放在盘子上。将过滤后的红烧酱淋在寿司上。

箱寿司

在寿司种类中，箱寿司（又叫压寿司）算是最古老的类型了，也是形式变化最小的。古时，鱼和米饭被紧紧地塞进木桶或木箱里，让米饭慢慢发酵来保存鱼肉。虽然现代箱寿司不再是一种保存方法，但它的做法仍然是用压箱将米饭和配料压实。如今，在日本各地，箱寿司随处可见。也有许多地区性的特色寿司，其中最著名的是来自大阪的"battera"，即腌鲭鱼箱寿司（p.183~p.185）。

传统上，箱寿司是用盒式的木制模具（压箱）制作的，但它们并非是必要的。本节的菜谱中，我们大多使用15厘米（长）x7.5厘米（宽）x5厘米（高）的压箱，但是你可以使用厨房里现有的物品即兴发挥。烹饪环、饼干切割工具、一人份的小咖啡杯都可以，甚至可以用小的蛋糕模制作一个大的寿司"蛋糕"，然后再切成小块。

腌鲭鱼箱寿司

这是最著名的箱寿司之一，制作时使用了15厘米x7.5厘米x5厘米的压箱。将压箱在水里浸泡15分钟，浸泡时在上面压上重物，防止它浮在水面上。通过浸泡可防止米饭粘在上面。你可以提前6小时完成步骤6之前的所有步骤。

制作 6块　|　**准备时间** 30分钟，再加上寿司饭和其他材料的准备时间

材料

1块腌好的鲭鱼肉（p.100、
p.101），重约150克

1~2茶匙山葵泥

1/2份寿司饭（p.38~p.41）

方法

使用前浸泡压箱可以防止米饭粘在上面

1 修整鲭鱼肉，尽可能切薄、切平。切下来的多余的肉不要丢弃，可用来填补压箱里的空隙。

2 把鱼片切成适合压箱底座的大小，贴紧底部放置，鱼皮朝下。用小块鲭鱼肉填补空隙。

3 压箱底部全部填充上鱼肉。在鲭鱼片上拍一点山葵泥。

4 把寿司饭放入压箱里，至大约2/3压箱的高度，然后用手指均匀地把米饭盖在鲭鱼片上。

5 将盖子盖在压箱上，用力向下压紧，把米饭压实。

6 两个拇指按在盖子上，把它固定在原位，把箱体两边抬起来。然后把盖子拿开，小心地把底座和寿司反置到砧板上，这样鲭鱼片就在上面了。

如米饭粘在压箱上面，用湿润的刀剥离

7 取下底座。如果提前准备，要用保鲜膜把做好的寿司包起来放在凉爽的地方，可以保存6小时，但不要放入冰箱冷藏。

8 将一把锋利的刀浸入水中，抹去多余的水，把寿司对半切开。将每半块平均切成3份，做成6块寿司，伴腌姜食用。

薄蛋皮芥菜苗寿司

这款简单的寿司使用了经典的薄蛋皮和芥菜苗的组合。确保你买的是真正的芥菜苗，而不是超市常见的替代品油菜苗。

制作 6块 | **准备时间** 45分钟，再加上寿司饭和其他材料的准备时间

材料

2份日式薄蛋皮（p.43）

1/2份寿司饭（p.38~p.41）

2盒芥菜苗

方法

1 将薄蛋皮在湿润的压箱底部摆放整齐，加入寿司饭，盖上盖子，轻轻把米饭压实，到压箱2/3的高度。

2 打开压箱，取出蛋皮和寿司饭块。刀蘸水，将寿司切成大小一致的6块。

3 剪掉芥菜苗的根部，把芥菜苗放在寿司的上面作为装饰。

芦笋红辣椒寿司

制作这道寿司时，先用压箱把寿司饭固定成型，然后加上配料，制作成纵横交错的图案。

制作 6块 | **准备时间** 40分钟，再加上寿司饭和其他材料的准备时间

材料

1个大的红辣椒

12根小芦笋

1/2份寿司饭（p.38~ p.41）

方法

1 烘烤整个红辣椒，直到表皮颜色变黑。把它放在一个碗里，用保鲜膜盖住，放凉备用。与此同时，将芦笋蒸或煮约4分钟至变软，然后浸入一碗冰水中。

2 把红辣椒上的皮剥掉，去掉籽和筋络，切成细条。把寿司饭放在湿润的压箱里，盖上盖子，轻轻压实，到压箱2/3的高度。

3 取出饭块，用蘸过水的刀将其切成6等份。把芦笋切成跟饭块相同的长度，整齐地摆放在饭块上。最上面用红辣椒条制作出纵横交错的图案。

后面：薄蛋皮芥菜苗寿司　　前面：芦笋红辣椒寿司

牛油果香菇寿司

东方和西方的食材经过简单组合，成为清淡的寿司。饭里的醋调和了牛油果的油脂。

制作 6块 | **准备时间** 30分钟，再加上寿司饭和其他材料的准备时间

材料

1个成熟的牛油果，切片

1/2份寿司饭（p.38~p.41）

6个已调味的干香菇（p.32），切片

方法

1 用牛油果把湿润的压箱底部整齐铺满，然后装入寿司饭。盖上盖子，轻轻压实。

2 把饭块取出，用蘸过水的刀切成大小均匀的6块。

3 把香菇片切得适合饭块的大小，放在每一块饭块的顶部。

熏鲑鱼和黄瓜寿司

摆放鲑鱼片和黄瓜条是这款寿司的技巧所在。这款寿司令人印象深刻，但想要做得完美需要勤加练习。

制作 6块 | **准备时间** 30分钟，再加上寿司饭和其他材料的准备时间

材料

100克熏鲑鱼肉，切成片

15厘米长的黄瓜，纵向切成细条

1/2份寿司饭（p.38~p.41）

方法

1 修整鲑鱼片和黄瓜条的尺寸，令其刚好可以斜向放进压箱。鲑鱼片和黄瓜条交替摆满压箱的底部。

2 加入寿司饭，然后盖上盖子，轻轻压实。

3 取出饭块，用蘸过水的刀切成大小相同的6块。

后面：牛油果香菇寿司　前面：熏鲑鱼和黄瓜寿司

海鲈鱼和紫苏叶寿司

红色的辣椒装饰与精致的寿司形成了鲜明的颜色对比。尽量把鲈鱼片切得薄一点，让紫苏叶的绿色从透明的鱼肉下面透出来。

制作 6块 | **准备时间** 30分钟，再加上寿司饭和其他材料的准备时间

材料

90~120克海鲈鱼肉，切成薄片

大约10片紫苏叶

1/2份寿司饭(p.38~p.41)

1个红辣椒，切成圈状，用来装饰

方法

1 在湿润的压箱底部铺上一层薄薄的海鲈鱼肉，再加上一层薄薄的紫苏叶。

2 装入寿司饭，把盖子盖上，轻轻压实。

3 将海鲈鱼、紫苏叶和寿司饭压成方块后取出，用蘸过水的刀切成大小相同的6块。用几个红辣椒圈装饰每块寿司。

香菇榨菜寿司

这是一道受到中国菜启发而制作的寿司，使用的榨菜是一种具有不光滑表面的深绿色腌制蔬菜，口感爽脆。在任何一家东南亚食品商店里都可以买到包装在罐里或坛子里的榨菜。

制作 6块 | **准备时间** 30分钟，再加上寿司饭和其他材料的准备时间

材料

100克榨菜（球茎）

1/2份寿司饭(p.38~p.41)

8个已调味的干香菇(p.32)，切片

方法

1 把榨菜在水里浸泡约1小时，然后沥干，切成薄片。在湿润的压箱底部铺上一层榨菜片。

2 装入寿司饭至半满，然后加入一层香菇片，再把剩下的寿司饭加进去。盖上盖子，轻轻压实。

3 把压好的饭块取出来，用蘸过水的刀切成大小相同的6块。

左侧：海鲈鱼和紫苏叶寿司　右侧：香菇榨菜寿司

扇贝塔塔箱寿司

塔塔，"tartare"的音译名，是一种西餐的做法。这款寿司的做法中没有使用传统的压箱，而是使用了直径7厘米、高4厘米的烹饪环。在这里，寿司醋作为味道甜酸的腌料用来加工扇贝。

制作 4人份 | **准备时间** 1小时，再加上寿司饭和其他材料的准备时间

材料

8汤匙寿司醋(p.38)

4汤匙糖

2汤匙淡口酱油

1个大的红辣椒，去籽并切碎

200克扇贝(不要扇贝的"子")，切成薄片

1/2份寿司饭(p.38~p.41)

30厘米长的黄瓜

紫苏叶(可选)

方法

1 将前4种材料在一个专用混合碗里混合，把扇贝放进去腌30分钟。

2 在盘子上放一个湿润的烹饪环，填入寿司饭的1/4。用勺子的背面轻轻将寿司饭压平，然后取下烹饪环。重复做4个寿司饭圆柱。

3 用蔬菜削皮刀制作8条黄瓜丝带，每条23~25厘米长。在每一个圆柱底部绕1条丝带，然后在它上面围绕第2条黄瓜丝带，形成一道"墙"，用来围拢扇贝。把扇贝沥干，摆放在寿司饭上。用紫苏叶装饰（也可不用），即可食用。

熏鲑鱼及鱼子箱寿司

这种优雅的现代版箱寿司成为时尚的开胃菜。你需要使用一个直径7厘米、高4厘米的烹饪环。

制作 4人份 | **准备时间** 30分钟，再加上寿司饭和其他材料的准备时间

材料

200克熏鲑鱼片

1/2份寿司饭(p.38~p.41)

2茶匙山葵泥

4汤匙鲑鱼子

2茶匙清酒

芥菜苗（可选）

方法

1 用烹饪环压出4片圆形的熏鲑鱼片，放置一旁备用。保留剩余的鱼肉。

2 按照上方步骤2的做法，制作4个寿司饭圆柱。每个圆柱上面放1/2茶匙山葵泥和1片圆形鲑鱼片。将剩余的鲑鱼片切成条状，卷成4朵玫瑰(p.244)，摆放在圆形鲑鱼片的上面。

3 把鲑鱼子放入清酒中混合，然后用汤匙将其撒在寿司上面。如果使用芥菜苗，用它装饰一下，即可食用。

后面：扇贝塔塔箱寿司　　前面：熏鲑鱼及鱼子箱寿司

卷寿司

卷寿司作为完美的小点心或宴会开胃菜，大概是最容易辨认的寿司类型了。它由米饭和鱼肉、蔬菜或玉子烧组成，用海苔卷成一个圆柱形，因此也叫海苔卷。卷寿司有很多种类：细卷寿司（hoso maki zushi），只含有单一馅料，如金枪鱼或黄瓜；太卷寿司（futo maki zushi），里面有几种不同的馅料，并结合多种口味、颜色和口感；里卷寿司（uramaki），米饭在外面，海苔在里面；还有圆锥形的手卷寿司（temaki zushi）。

一切都准备好以后，用海苔裹起来的寿司应立刻食用，以享受海苔香脆、寿司饭和馅料柔软的口感。如果放的时间久了，海苔吸收了米饭的水分就会变得潮软并开裂。相反，里卷没有这样的问题，更适合提前制作。制作卷寿司需要一点练习，所以如果你第一次制作得不完美，请不要灰心。按照步骤一步步地操作，很快你就能掌握这门技术。记得在开始制作之前，提前准备好寿司饭和其他配料。

细卷寿司

细卷寿司被认为是卷寿司的原始形式，只使用单一的馅料，例如金枪鱼、黄瓜或调味干葫芦条。你可以使用任何你喜欢的馅料，但只能用一种。一旦你掌握了细卷寿司的做法，其他类型的卷寿司做起来就很容易了。这种精美的一口大小的寿司既是美味的手指食物，也是晚餐派对的开胃保障。

制作 48 块　｜　**准备时间** 45分钟，再加上寿司饭和其他材料的准备时间

材料

手醋

1~2汤匙米醋

250毫升水

寿司卷

4片海苔

1份寿司饭（p.38~p.41）

山葵泥

1块约120克的去皮金枪鱼肉，切成铅笔粗细的长条（p.96、p.97）

1/2根黄瓜，切成1厘米厚和宽的长条

1/2份玉子烧（p.44~p.46），切成1厘米厚和宽的长条

方法

1 把手醋材料放在一个小碗里混合，然后放在一边备用。在工作台上放一个竹帘，把一片海苔沿着横纹对折成两半，然后沿着折边捏实，将海苔分成两半。沿着竹帘边缘放上去半片海苔，光面朝下。手指蘸一点手醋以防寿司饭粘手。取70~75克掌心大小的寿司饭，捏成长条状。

2 把寿司饭放在海苔的中心，用手指尖把饭展开铺平，在离你最远端的海苔边缘空出1厘米。

3 如果使用鱼肉作为馅料，涂一长条山葵泥。不要放太多，放它的目的是增加寿司的味道，而不是完全掩盖。

4 在山葵泥上面放一条金枪鱼肉（或者黄瓜条、玉子烧条），你可能需要把两短条连接起来，注意连接处要紧密，不要留空隙。提起靠近你身体的竹帘边，慢慢朝远离身体的方向均匀地卷起。

5 把竹帘提起来，这样海苔的顶端就会碰到寿司饭的边缘。你需要轻柔地用力，令海苔保持整洁。

198

6 你应该能够看到，海苔不能完全包裹住寿司饭。用两只手均匀地施加压力，让饭卷向左右延展。

7 提起竹帘边，把寿司卷向前推一点，让海苔空着的边缘把寿司卷完全盖住。湿润的寿司饭具有黏性。把露出来的米饭推进去，让寿司卷外面整洁。放置一边待凉，不要放进冰箱，你还需要继续制作。

8 将一块棉布或茶巾浸在手醋里，用来润湿锋利的刀，然后将每一个寿司卷对切成两半。每切一次擦一次刀。把两截寿司卷并排放一起，切两次，变成大小一致的6块寿司。摆入餐盘，即刻食用吧。

用手指把偏离中心的馅料摆正

其他做法

可尝试使用120克去皮鲑鱼肉制作细卷寿司，把鱼肉切成铅笔粗细的长条(p.96、p.97)；或者用120克蟹肉；也可以使用1根中等大小的胡萝卜，切成1厘米粗细的长条并略微蒸一下。

太卷寿司

太卷寿司由于色彩丰富的馅料，也被称为"dandy rolls"（"伊达卷"，意思是装饰华丽的寿司卷）。太卷寿司的卷制动作跟细卷寿司的相似，但是使用的是整张海苔，而不是半张。尝试用不同的馅料组合来创造出多彩的图案，但是在开始制作前就准备好材料。最好做好后尽快食用。

制作 24块 | **准备时间** 45分钟，再加上寿司饭和其他材料的准备时间

材料

手醋

1~2汤匙米醋

250毫升水

寿司卷

3张海苔

1份寿司饭(p.38~p.41)

1根胡萝卜，切成铅笔粗细的条状，并蒸熟

30克长豆角，择干净，微蒸

30克已调味的干香菇(p.32)，切成细条

30克处理过的干葫芦条(p.31)

1份玉子烧（p.44~p.46），切成宽1厘米的长条形

方法

1 把制作手醋的材料放在小碗里混合好备用。在工作台上铺好竹帘，把海苔光面朝下放在竹帘上。手蘸手醋，把寿司饭握成两个饭团，每个饭团大约100克重，整理成长条形，放在海苔中间。

2 把寿司饭均匀地铺在海苔上，在离你最远端的海苔边缘留4厘米不铺。

3 在寿司饭中间位置放1/3的胡萝卜条，两侧分别放1/3的长豆角和1/3的香菇条，长豆角旁边放1/3的干葫芦条，香菇条旁边放1/3的玉子烧。

4 拇指放在竹帘下方，靠近竹帘边缘，用拇指和食指提起竹帘。用其他手指固定住馅料。

5 提起竹帘顶部的一小条边，卷动靠近身侧的竹帘，让海苔把馅料盖住。

6 把竹帘向下卷，让竹帘边盖到海苔上，沿着寿司卷的纵向轻轻挤压，令寿司饭都卷进靠近身侧的海苔边里面。

7 用一只手轻轻提起竹帘边，另一只手慢慢向前推动，让空出的海苔边缘把寿司卷包裹起来。

8 将竹帘向后拉回，整理寿司卷的两端。然后把寿司卷放在一个凉爽的地方，但不要放入冰箱，与此同时制作另外两个寿司卷。之后用蘸了手醋的刀将寿司卷切成两半。每一半再切成4块。当你足够自信的时候，可以把两半并列放在一起切块。

如果出现裂口，换一张海苔重新卷一次

其他做法

试试其他材料： 60克去皮鱼肉，如鲑鱼、金枪鱼或红鲷鱼，切成铅笔粗细的条形 (p.96、p.97)；60克蟹肉或龙虾肉；30克菠菜或牛油果；3个已调味的豆腐泡(p.162)，切成1厘米宽的丝。

鲑鱼姜太卷寿司

传统上，用煮熟的蔬菜和玉子烧作为太卷寿司的馅料，但没有什么规定说不能使用新鲜的鱼肉或贝类。这里有一个建议，用新鲜的姜和爽脆的蔬菜来搭配鲑鱼肉。

制作 24 块 | **准备时间** 40分钟，再加上寿司饭和其他材料的准备时间

材料

手醋

2~3汤匙米醋

250毫升水

寿司卷

3张海苔

1份寿司饭(p.38~p.41)

1个牛油果，去皮，去核，切成细条

90克粉红色腌姜或红色腌姜，沥干

30克细细的长豆角，择干净后焯水

200克去皮鲑鱼肉，切成铅笔粗细的长条

6根芦笋，择干净后略焯水

方法

1 把制作手醋的材料放在一个小碗里混合，然后放在一边备用。在竹帘上放一张海苔，手上蘸手醋，把寿司饭均匀地铺在海苔上。在海苔的顶边留出4厘米。

2 将1/3的牛油果细条排在寿司饭中心，1/3的腌姜和1/3的长豆角分别均匀地摆放在牛油果两侧，把1/3的鲑鱼肉放在长豆角另一边，放2根芦笋在牛油果上面。

3 拇指放在竹帘下方，靠近竹帘边缘，用拇指和食指提起竹帘。用其他手指固定馅料。（竹帘的使用方法见p.202、p.203）

4 提起竹帘顶部的一小条边，卷动靠近身侧的竹帘，让海苔把馅料盖住。把竹帘向下卷，让竹帘边盖到海苔上，沿着寿司卷的纵向轻轻挤压，令寿司饭都卷进靠近身侧的海苔边里面。

5 用一只手轻轻提起竹帘边，另一只手慢慢向前推动，让空出的海苔边缘把寿司卷包裹起来。

6 将竹帘向后拉回，整理寿司卷的两端。然后把寿司卷放在一个凉爽的地方，但不要放入冰箱，与此同时制作另外两个寿司卷。之后用蘸了手醋的刀将寿司卷切成两半，每一半切成4块。

里卷寿司

抛开外表不谈，这种卷寿司比传统的海苔卷更容易准备，因为它对寿司饭的使用多少不那么严格；而且里卷可以提前做好，不像海苔卷那样，时间长了就失去酥脆的口感。在这里展示的"加州卷"传统上含有煮熟的蟹肉和牛油果。20世纪70年代初，一名在美国出生的日本寿司师傅首次创造了这款寿司，因为他的一些顾客不太喜欢吃生鱼片，也不喜欢咬脆海苔的感觉。现在里卷寿司已经成为一种经典。

制作36块　　|　　**准备时间**35分钟，再加上寿司饭和其他材料的准备时间

材料

手醋

2~3汤匙米醋

250毫升水

寿司卷

3张海苔

1份寿司饭(p.38~p.41)

120克蟹肉

1根小黄瓜 或者1/4根大黄瓜，切成铅笔粗细的长条

120克蛋黄酱

山葵泥（可选）

1个中等大小的牛油果，去皮，去核，纵向切成细条

6汤匙飞鱼子

方法

1 把制作手醋的材料放在一个小碗里混合，然后放在一边备用。在工作台上铺好竹帘，在竹帘上铺一层保鲜膜。把海苔沿纹理对折后分成两半，放半张海苔在保鲜膜上。

2 手上蘸手醋，取手掌大小、约100克寿司饭，放在海苔中间，用手指轻轻展开，均匀地铺在海苔上。把铺满米饭的海苔迅速翻过来放在竹帘上。

3 把蟹肉和黄瓜摆放在海苔的中间，在蟹肉和黄瓜的两边分别放上蛋黄酱和薄薄的山葵泥（如果使用的话）。在最上面摆上牛油果。

4 提起竹帘靠近身侧的边缘，必要时用其他手指固定馅料，向前卷起，让两边的米饭和海苔连起来。

5 沿着寿司卷的纵向轻轻挤压，让馅料定型。然后提起竹帘上面的边缘，向前滚动竹帘，让海苔边缘连在一起。再缓慢但是有力地给寿司卷施压，令其形成圆或者方的长条形。

6 打开竹帘，舀一勺鱼子撒在寿司卷上，用勺子背面把鱼子涂抹均匀。把寿司卷翻面，把下面也撒上鱼子。鱼子并不需要十分均匀。重复操作，完成6块寿司卷。

7 把棉布或者茶巾浸入手醋，然后把刀擦湿，把每个寿司卷对半切开。把两截寿司卷并列放在一起，再次把刀擦湿，切2刀，每个寿司卷切成6块大小相等的寿司块。

麻辣小龙虾、牛油果和杧果里卷寿司

这种在传统里卷寿司基础上的花样翻新带来了新鲜的热带风情,这款寿司混合了杧果的清香、牛油果的糯软和酱汁的辛辣。

制作 36块 | **准备时间** 45分钟,再加上寿司饭和其他材料的准备时间

材料

辣蛋黄酱

6汤匙蛋黄酱

6茶匙辣椒酱

1汤匙柠檬汁

3茶匙辣椒粉

手醋

2~3汤匙米醋

250毫升水

寿司卷

3张海苔,沿纹理对折成两半

1份寿司饭(p.38~p.41)

250克煮熟的小龙虾肉或者对虾肉,沥干

1个杧果,去皮,去核,切成细条

1个牛油果,去皮,去核,切成细条

3汤匙焙白芝麻

3汤匙焙黑芝麻

方法

1 把制作辣蛋黄酱的材料和制作手醋的材料分别放到碗里混合,放在一边备用。在工作台上放上竹帘,盖上保鲜膜,将海苔放在上面。

2 手蘸上手醋,把寿司饭平均分成6份,将1份寿司饭均匀地铺在海苔上,然后拿起海苔,迅速翻过来。

3 把1/6的小龙虾肉和杧果放在海苔中间。在小龙虾肉旁边加入辣蛋黄酱。把1/6的牛油果放在上面。

4 提起竹帘靠近身侧的边缘,必要时用其他手指固定馅料,向前卷起,让两边的米饭和海苔连起来。(竹帘的使用方法见p.208、p.209)

5 沿着寿司卷的纵向轻轻挤压,让馅料定型。然后提起竹帘上面的边缘,向前滚动竹帘,让海苔边缘连在一起。再缓慢但是有力地给寿司卷施压,令其形成圆或者方的长条形。

6 在稍大一点的平面上撒1/2汤匙焙白芝麻和焙黑芝麻,然后在上面滚动寿司卷粘上芝麻。重复操作,完成6个寿司卷。

7 把棉布或者茶巾浸入手醋,然后把刀擦湿,把每个寿司卷对半切开。把两截寿司卷并列放在一起,再次把刀擦湿,切2刀,每个寿司卷切成6块大小相等的寿司块。

棒寿司

这款简单而美味的卷寿司使用了醋腌鲭鱼作为包装食材而不是海苔。如果你没有压箱来制作腌鲭鱼箱寿司(p.183~p.185)，这是一种很好的享受腌鲭鱼味道的方法。一定要留出足够的时间准备鱼(p.100、p.101)，并让寿司卷在室温下放置20~30分钟，然后再切，让味道更好地散发出来。

制作 16块 | **准备时间** 45分钟，再加上寿司饭和其他材料的准备时间

材料

手醋

2~3 汤匙米醋

250毫升水

寿司卷

1份寿司饭(p.38~p.41)

2条醋腌鲭鱼片，每条约150克

山葵泥(可选)

方法

1 把制作手醋的材料放在一个小碗里混合，放在一边待用。在工作台上放好竹帘，用保鲜膜盖住，并包住两边。

2 手蘸手醋。用手心握2小团寿司饭，放在竹帘中心，滚动竹帘，卷出跟鲭鱼片一样长的饭卷。

3 在鲭鱼片下面抹一点山葵泥（如果使用的话）。把鲭鱼片放在饭卷的上面，鱼皮向上。

4 提起竹帘，盖住饭卷和鲭鱼片，将它们完全包裹住。

5 两手沿着寿司的纵向缓慢而有力地挤压。如果鲭鱼片比饭卷长，按压鱼片的两端使其变得整齐，并贴在寿司饭上。重复以上步骤，再做1个。

6 将寿司放置一边，室温环境下等待20~30分钟。把棉布或者茶巾浸入手醋，然后把刀擦湿，把棒寿司对半切开。然后把两个半块寿司分别切成4块适口大小的寿司。

手卷寿司

这是一款很棒的寿司。非常简单、容易制作，不需要竹帘，甚至孩子也可以参与。你所需要做的就是准备寿司饭和馅料，然后把它们分给大家，让每个人都能制作自己的寿司。只是要记住，一定要准备充足的材料，因为，我向你保证，他们会喜欢的，并且想要更多地尝试。

制作 20个　｜　**准备时间** 45分钟，再加上寿司饭和其他材料的准备时间

材料

10张海苔，沿纹理分成两半

1份寿司饭(p.38~p.41)

山葵泥

400克去皮鱼肉（任何种类的鱼均可，最好是不同种类的鱼，例如金枪鱼和鲑鱼），切成适合手卷寿司的长度(p.96、p.97)

100克鲑鱼子或飞鱼子

1/2份玉子烧(p.44~p.46)

400克蔬菜，如蒸胡萝卜、清煮长豆角、黄瓜、腌萝卜，全部切成铅笔粗细的条形，约6厘米长

方法

1 左手拿起海苔，在左上角放1汤匙寿司饭。

2 把寿司饭铺到海苔底边的中间位置。用手指把寿司饭轻轻铺平，然后在上面抹一点山葵泥。

尝试蔬菜、鱼肉或两种一起用。任何材料都可以

3 把要放的馅料斜放在寿司饭上面，方向都对着海苔的左上角。

4 先把海苔的左下角向右上方折起来，包住寿司饭和馅料。

立刻食用，
海苔才会
爽脆

5 继续卷，形成一个圆锥形，包住所有的寿司饭和馅料。

其他做法

尝试使用其他鱼类做馅料，如海鲈鱼、红鲷鱼、大菱鲆、鲽鱼、檬鳎、腌制鲭鱼(p.100、p.101)和熏鲑鱼。其他适合的蔬菜馅料包括牛油果、芥菜苗和紫苏叶。

墨西哥寿司卷

这道墨西哥+日本混合风味的街头小吃就是现代寿司的创新典范。它里面馅料充足，卷制方法跟太卷寿司的差不多。除了这里使用的馅料组合，你还可以尝试其他感兴趣的材料。

制作 4个 　|　 **准备时间** 40分钟，再加上寿司饭和其他材料的准备时间

材料

酱料

4汤匙蛋黄酱

4茶匙辣椒酱

1/2茶匙胡椒粉

2汤匙焙白芝麻

手醋

2~3汤匙米醋

250毫升水

寿司卷

8张海苔

1份寿司饭(p.38~p.41)

40克野生芝麻菜叶

200克去皮鲑鱼片，切成铅笔粗细的长条(p.96、p.97)

1个牛油果，去皮，去核，切成细条

1根黄瓜，去心，切成铅笔粗细的条形

方法

1 把制作手醋和酱料的材料分别放到小碗里混合均匀，然后放在一边待用。在竹帘上放一张海苔，光面朝下。手上蘸手醋，把1/4的寿司饭均匀地铺在海苔上，距离你最远的边缘空出3~4厘米。

2 把第二张海苔的边缘放在第一张海苔最远边缘的下面（见下图）。在寿司饭上撒1汤匙酱料，然后在寿司饭中心放1/4的芝麻菜叶、鲑鱼片、牛油果和黄瓜条。

3 用拇指和食指把竹帘靠近身体的这边提起，其他手指固定馅料。卷起竹帘让寿司饭盖住馅料，然后继续向前卷动直到末端。

4 用防油纸把寿司卷包好，在两端拧紧，保持好饭卷的形状。重复以上步骤，制作4个墨西哥寿司卷。用擦湿的刀在饭卷中间斜向切开，即可食用。

怎样加入另一张海苔

在第一张海苔的远端添加第二张海苔，增加足够的长度才能把馅料全部裹进去。卷起来以后，寿司饭的水分会把两张海苔连在一起。

握寿司

握寿司对于寿司家族来说是一种比较年轻的寿司，它只有不到200年的历史。握寿司最初是在江户，即今天的东京被发明的街头小吃，因为只需要很少的时间制作，所以完全革新了传统寿司。握寿司（nigiri zushi）的意思是"挤压"：当一个寿司师傅制作握寿司时，他要把少量的寿司饭轻轻挤压成椭圆形，在上面加上非常细腻的山葵泥，再在上面盖上浇头，通常是鱼片。当然并非仅仅是揉一团米饭和放一块鱼在上面。完美的握寿司应该刚好是一口饭大小，米饭在舌头上散开，而不是在筷子或者手指上散开。寿司饭微微的酸味跟浇头相得益彰，而不会过度，一点点的山葵泥也应该起到锦上添花的作用。

从简易握寿司(p.225~p.227)开始，当你的技巧日臻完善的时候，就进阶到专家级握寿司（p.229~p.231）。在这部分内容中，还有两种特殊的寿司只需要用手而不需要用压箱或者竹帘完成：军舰寿司（p.233~p.235）和球形寿司（p.236、p.238）。

简易握寿司

出于对寿司和大师的艺术的尊重，日本人很少在家里制作握寿司，而是去寿司店吃。然而，抛开哲学问题不谈，制作握寿司本身是非常容易的。一人份需要约100克寿司饭，大概可以制作5个握寿司。在开始制作之前先准备好浇头和一碗手醋，手醋用来蘸湿手指。

制作 24~32个 | **准备时间** 45分钟，再加上寿司饭和其他材料的准备时间

材料

手醋

2~3汤匙米醋

250毫升水

握寿司

1份寿司饭（p.38~p.41）

400克去皮鱼肉（任何种类的鱼均可，最好是不同种类的鱼，例如红鲷鱼、金枪鱼和鲑鱼），切成适合手握的长度（p.96、p.97）

山葵泥

1/2份玉子烧(p.44~p.46)，切成5毫米厚的片

5条海苔，1厘米x7.5厘米，用来固定上面的玉子烧

方法

1 把制作手醋的材料放在一个小碗里混合。把你的手浸在手醋里(这样可以防止寿司饭粘在你的手指上)，然后拿起一小团寿司饭。把它在你的手掌里轻轻地滚动，变成一个略圆的长方形，放在干净的工作台或砧板上。一次准备几个。

2 必要时把饭团形状修理整齐，但不要过分修整。

3 把浇头放在饭团旁边。在每个长方形饭团上面抹一点点山葵泥。如果放玉子烧作为浇头，就不要用山葵泥。

4 把浇头放在饭团上面，稍微按压令其贴合。不要用力压生鱼片。

5 如果用生鱼片作为浇头，用拇指和食指把鱼片的两端压到米饭上。

6 轻轻整理米饭的两边。如果使用玉子烧作为浇头，用海苔绑一下固定。

专家级握寿司

这是顶级寿司。一位寿司师傅需要花数年的时间来完善他的技术，才能使制作寿司的动作流畅，并于几秒之内完成。在这样的专家手中，握寿司常常比简易握寿司(p.225~p.227)稍微小一些，使用的寿司饭更少，但鱼片的量稍多一点。当你在技术上变得更加熟练时，你会发现你能更快地做好握寿司。

制作 40~50个 | **准备时间** 30~60分钟，再加上寿司饭和其他材料的准备时间

材料

手醋

2~3汤匙米醋

250毫升水

握寿司

1份寿司饭（p.38~p.41）

500克去皮鱼肉（任何种类的鱼均可，最好是不同种类的鱼，例如红鲷鱼、鲑鱼、金枪鱼、鳎鱼、鲽鱼或者海鲈鱼），切成适合手握的长度（p.96、p.97）

山葵泥

方法

1 把制作手醋的材料放在一个小碗里混合。让你的手蘸些手醋，防止寿司饭粘在你的手指上，然后用右手拿起一小团寿司饭，轻轻地将它捏成略圆的长方形。

2 把饭团松松地放在右手拳头里，左手拿起浇头，把浇头横在手指上面，在浇头上抹一点山葵泥。

3 右手拇指和食指捏住饭团，放在左手的浇头上，用左手拇指轻轻按压。

4 用拇指和食指捏住寿司两边的中间位置，使饭团旋转180°，把浇头转到上面。

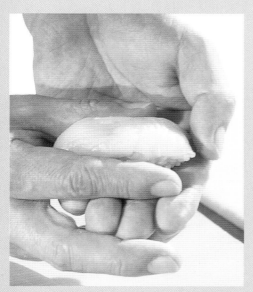

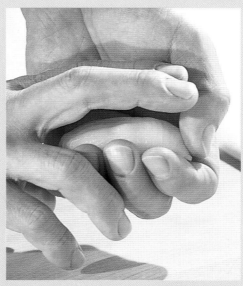

5 用右手拇指和食指夹住寿司，整理形状并令鱼肉贴在寿司饭上。

6 把寿司放在左手里，用两根手指轻轻按压浇头，令其更为伏贴。

7 打开左手，保持浇头在上面，调转寿司。重复步骤6、7，整理寿司形状。

军舰寿司

像鱼子和牡蛎这样的浇头如果不用什么固定的话，是没办法放在米饭上面的。于是人们发明了"gunkan maki"，意思是"军舰卷"，因为用海苔把浇头固定在上面后寿司就像军舰的形状一样。军舰寿司放置时间长的话，海苔从米饭和浇头中吸收水分会变潮软，所以如果你要制作这类寿司就要最后制作。

制作 18 个　|　**准备时间** 30分钟，再加上寿司饭和其他材料的准备时间

材料

手醋

2~3汤匙米醋

250毫升水

军舰寿司

3张海苔

1/2份寿司饭（p.38~p.41）

山葵泥

120克飞鱼子（可以染成红色、绿色或者保持天然的颜色）

6个牡蛎

60克鲑鱼子

方法

1 把制作手醋的材料放在一个小碗里混合，然后放在一边备用。把3张海苔重叠放在一起，平均分成6条，大约2.5厘米宽、15厘米长。

2 用手蘸些手醋，把1汤匙寿司饭整理成四周稍圆的长方形。把手擦干，拿起饭团。海苔光面朝外，把饭团围起来。

3 把一粒米放在海苔条的末端压碎，卷动饭团，使海苔在末端重叠粘在一起，形成环形把寿司饭裹住。

卷动时手要擦干，以保持海苔的爽脆

4 在寿司饭上抹一点山葵泥，把寿司饭轻轻按平。

5 用汤匙舀一勺浇头放到米饭上，注意放在环形海苔的里面。

球形寿司

这些美味的球形寿司是最接近握寿司的寿司，但更容易制作，既不需要专业设备，也不需要多年的训练。你所需要的只是保鲜膜或饭巾来制作球形。

制作 20~30个 ｜ **准备时间** 25分钟，再加上寿司饭和其他材料的准备时间

材料

30克熏鲑鱼，切成邮票大小的10片

1/2份寿司饭（p.38~p.41）

10只煮熟的虾，去壳

30克飞鱼子或者鱼子酱

山葵泥

方法

1 在干净的工作台上放1块10厘米x10厘米的保鲜膜（或者干净潮湿的饭巾，见p.238方法），在保鲜膜中间放一片熏鲑鱼。把1茶匙寿司饭揉成松松的球形，放在鱼片上面。

2 提起保鲜膜的四个角，把鱼片和寿司饭聚在中间。扭紧保鲜膜，挤压寿司饭成为小球形。重复以上步骤制作10个熏鲑鱼球形寿司。同样方法制作10个虾球形寿司，在每只虾的弯曲处添加1/2茶匙飞鱼子或者鱼子酱。

3 直到摆上餐桌前才把保鲜膜取下来。在食用前，在每片熏鲑鱼上抹一点山葵泥。

日语中temari
的意思就是
揉成球形

怎样揉成球形

先把寿司饭团成松松的球形，但是不要用力挤压。

必要时，用手指调整球形的形状。

混搭球形寿司

这些可爱的、漂亮的球形寿司是日本女儿节最受欢迎的小吃。配以各种色彩缤纷的浇头，它们就成为具有混搭风的家庭盛宴的前餐。

制作 32 个 | **准备时间** 30分钟，再加上寿司饭和其他材料的准备时间

材料

100克去皮鲑鱼肉

100克去皮金枪鱼肉

100克去皮白肉鱼肉，例如海鲈鱼肉、海鲷鱼肉或者柠檬鳎鱼肉

8只煮熟的对虾

1份寿司饭（p.38~p.41）

8片紫苏叶或者香菜叶

山葵泥

方法

1 首先，像制作握寿司那样把鱼肉切成5毫米厚的条形。每块鱼肉切8片（建议鱼肉的数量比需要的多一些，因为有需要的时候更方便使用；你可以使用多余的鱼片制作p.248的刺身）。

2 把虾去外壳，清洗干净，对半切开（p.118、p.119），取下尾部的外壳。

3 将1块干净的湿饭巾(或保鲜膜，见p.236方法)放在掌心里，在上面放一片鱼肉。在鱼片上涂上山葵泥。使用湿的甜品勺，取一大匙寿司饭（大约20克）放在鱼片上面。

4 提起饭巾的四个角，把鱼片和寿司饭聚在中间。扭紧饭巾，挤压饭团成为小球，大概乒乓球大小。打开饭巾，把寿司放在盘子里。
用不同的鱼肉和虾分别重复以上步骤，各制作8个球形寿司。

5 在用白肉鱼肉制作球形寿司时，在加入寿司饭之前先放紫苏叶或香菜叶。当你做完球形寿司的时候，叶子的绿色会透过鱼肉显露出来。

其他食谱

你可以用其他浇头制作球形寿司，包括日式薄蛋皮、黄瓜、半熟烤牛肉（所有这些都应该切得很薄，只有邮票大小）或者各种鱼子酱。

刺身

刺身是一种常见的日本料理，多指生鱼片，在日本也包括用鸡肉、马肉或其他可切片的食材制作的食物。日本人认为，在大多数情况下，食物越少烹饪越好，而食用鱼的最好方法就是生食。对一些人来说，生鱼片看起来就像没有米饭的寿司，但它不只是把生鱼肉切片。生鱼片是日本最古老的美食之一，有自己的历史。

在公元123年，一位天皇尝到了由他的主厨奉上的由生鲣鱼、蛤蜊和醋做成的美食，这就是生鱼片的最早形式。到15世纪中期，被当时人们称为"namasu"（脍）的生鱼片是伴着调味醋来吃的，而不是现在的酱油。到17世纪中叶，海鲈鱼、红鲷鱼、鲣鱼、鲨鱼、鳗鱼、鲈鱼、鲤鱼、贝类、野鸡和鸭都可用于制作刺身。这些食物中有许多是可以直接生吃的，有些是需要焯过或者轻度烹饪的。几乎就在这时，酱油开始广泛使用，而刺身，以我们今天所知的形式，变得流行起来。

如今，刺身被认为是日本料理的完美开端。它配以酱油、山葵泥、碎的腌萝卜，有时还用新鲜的海藻和紫苏叶来搭配，不仅因为它们颜色漂亮和味道浓郁，还因为它们有助于消化。

经典刺身拼盘

一般来说，任何适合寿司的鱼也可以用于制作刺身。鱼最关键的是新鲜，甚至比寿司所需要的更新鲜，因为刺身要求不能有其他成分掩盖鱼的味道。为了看起来更诱人，选择红肉鱼肉和白肉鱼肉搭配，再用精心挑选的装饰物装饰盘子。你应该为每人准备约120克鱼肉。

制作 4人份 ∣ **准备时间** 1小时，再加上冷冻的时间

材料

8只糖醋浸过的生虾(ama ebi，从日本鱼商那里可以买到)或者煮过的冷水虾，去壳，但保留尾部外壳

120克鳕鱼肉或海鲈鱼肉，约7.5厘米宽

2段7.5厘米长的黄瓜，其中一段切成4个松枝装饰(p.50)

7.5厘米长的新鲜白萝卜，削皮

120克白肉鱼肉，如红鲷鱼肉、海鲈鱼肉或海鲷鱼肉

250克红肉鱼肉，如金枪鱼肉、鲭鱼肉、鲑鱼肉或鲣鱼肉

4片紫苏叶

4个海胆(可选)

4个山泥葵叶子(p.51)

12片柠檬片或青柠片

2茶匙飞鱼子

方法

1 首先制作凤尾虾的造型。把虾身侧面朝下放在砧板上，捏住虾的尾巴扭转，让身体围绕虾尾卷曲起来。然后把虾尾的外壳分开，展开成为漂亮的扇子形状。重复制作其他凤尾虾。

2 把鳎鱼肉或海鲈鱼肉做成玫瑰状。首先需要把鱼肉半冷冻15~30分钟，让它略硬一点，容易切片。把鱼肉切片的时候，刀成45°角，切12~16片，像制作握寿司一样（p.96步骤1）。把3片或4片鱼片排成一条直线，每一片跟前一片重叠2.5厘米。

3 把这一排鱼片卷起来，有可能需要借助筷子来提起每片鱼的末端。

4 把"玫瑰"正面向上摆放，用筷子或者手指稍微调整一下"花瓣"的形状。重复制作4朵"玫瑰"。

5 把黄瓜和白萝卜切成细丝（p.49）。把切好的蔬菜丝浸泡在一碗冷水里，10分钟后沥干。与此同时准备剩下的鱼片。

刀刃锋利
才能把鱼肉
切得整齐

6 准备白肉鱼肉和红肉鱼肉，刀成90°将其切成0.8~1厘米厚的鱼片即可。在每个盘子里放3或4小堆黄瓜丝和白萝卜丝，用它们作为床，上面摆放1片紫苏叶、1个黄瓜松枝装饰和红色、白色生鱼片。再摆放1个海胆（也可不用）、1朵白色鱼肉玫瑰、2只凤尾虾、1片山葵泥叶子，再摆放3片柠檬片或青柠片。在每朵白色鱼肉玫瑰上面撒1/2茶匙飞鱼子，即可食用。

山葵泥、牛油果调味的金枪鱼块

方形的生鱼片，即kaku-zukuri，可以说是最简单的生鱼片。尤其在西方，金枪鱼通常以鱼排的方式售卖。这种生鱼片适合使用柔软的油性鱼类来制作，如金枪鱼、鲑鱼、黄尾鲕或鲣鱼。

制作 4人份 | 准备时间 15分钟

材料

山葵泥、牛油果酱料

1个完全成熟的牛油果，去皮，去核

4汤匙米醋

1汤匙山葵泥

1汤匙淡口酱油

生鱼片

2块金枪鱼排，每块约2厘米厚，重约400克

1茶匙焙白芝麻

1茶匙焙黑芝麻

1根葱，切碎

方法

1 制作山葵泥、牛油果酱料。把牛油果切成小块，用筛子压成泥。把牛油果泥、米醋、山葵泥和淡口酱油放在一个大的专用混合碗里混合均匀。

2 把金枪鱼排切成2厘米宽的条形，然后旋转90°，用刀垂直切成2厘米宽的厚块。

3 将金枪鱼块分成4份。在金枪鱼块上淋山葵泥、牛油果酱料(如果你愿意，也可以用裱花袋均匀地挤上酱料)，撒上白色和黑色的焙芝麻，最后用葱装饰后，即可食用。

香辣海鲈鱼薄刺身

薄刺身适合使用肉质硬挺的白肉鱼制作，如海鲈鱼或海鲷，或者鲽鱼和大菱鲆这样的小比目鱼。在日本，以这种方式吃河豚是一种传统的、季节性的饮食习惯。薄刺身对日本来说就像意大利的薄切生肉（carpaccio）或秘鲁的柠檬汁腌鱼生（ceviche）。

制作 4人份 | **准备时间** 15分钟，再加上冷冻的时间

材料

生鱼片

400克海鲈鱼肉，去皮，去鱼骨

4根葱，纵向切成细丝，用作装饰

香辣酱

1瓣大蒜，磨碎

1/2~1个红辣椒，去籽，切碎

将无蜡柠檬的外皮切碎，果肉挤出果汁

4汤匙酱油

方法

1 把鱼肉(每块均用保鲜膜包裹)放入冰箱冷冻10~15分钟，或者直到它们半冷冻，这样可以很容易被切成薄片；但不要冻得坚硬，经常查看。在冰箱里冷藏4个盘子。

2 与此同时，将香辣酱的材料放在小碗里混合均匀，备用。取出盘子和鱼肉。打开保鲜膜，把鱼肉放在砧板上。

3 剥去鱼皮的那面朝上，把鱼肉切成极薄的片，厚约3毫米(见下文)。在盘子里将鱼片仔细摆放成重叠的样子。在上面淋香辣酱，用葱丝装饰后立刻食用。

如何切薄片

把鱼肉按照一定角度，将最细的一端对着你的身体放在砧板上。几乎水平拿刀，流畅地斜向运刀，才能切出薄片。在切的过程中，用指尖顶住鱼片上面。

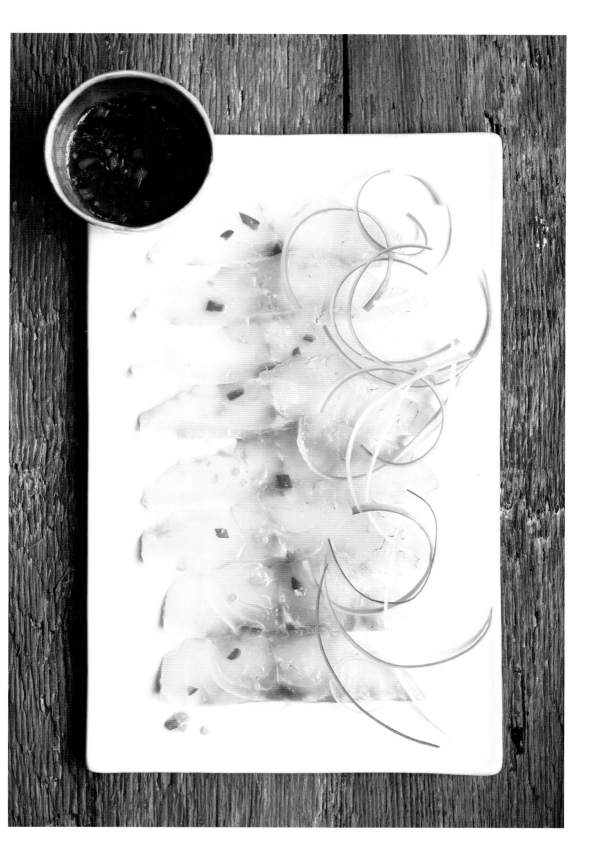

Original Title: Sushi Taste and Technique

Copyright© 2002,2011,2017 Dorling Kindersley Limited

A Penguin Random House Company

本书由英国多林·金德斯利有限公司授权河南科学技术出版社在中国大陆独家出版发行。

备案号：豫著许可备字-2018-A-0070

图书在版编目（CIP）数据

寿司全书:品鉴与制作/（日）巴伯贵美子，（日）竹村大树著；于月译.—郑州：河南科学技术出版社，2019.1

ISBN 978-7-5349-9395-4

Ⅰ.①寿…　Ⅱ.①巴…　②竹…　③于…　Ⅲ.①食谱—日本　Ⅳ.①TS972.183.13

中国版本图书馆CIP数据核字（2018）第261390号

出版发行：河南科学技术出版社

地址：郑州市金水东路39号　　邮编：450016

电话：（0371）65737028　　65788613

网址：www.hnstp.cn

策划编辑：刘　欣

责任编辑：梁　娟

责任校对：王晓红

封面设计：张　伟

责任印制：张艳芳

印　　刷：深圳当纳利印刷有限公司

经　　销：全国新华书店

开　　本：720 mm×1 020 mm　1/16　印张：16　字数：290千字

版　　次：2019年1月第1版　　2019年1月第1次印刷

定　　价：108.00元

如发现印、装质量问题，影响阅读，请与出版社联系并调换。

河南科学技术出版社
精品图书推荐

SUSHI
taste and technique